Design de Superfície

Blucher

Coleção Pensando o Design
Coordenação
Marcos Braga

Design de Superfície

Ações comunicacionais táteis nos processos de criação

Renata Oliveira Teixeira de Freitas

Apoio:
FUNDAÇÃO
ATHOS
BULCÃO

Design de superfície: ações comunicacionais táteis nos processos de criação

2ª reimpressão - 2014
Editora Edgard Blücher Ltda.

Blucher

Edgard Blücher *Publisher*

Eduardo Blücher *Editor*

Fernando Alves *Editor de desenvolvimento*

Join Bureau *Diagramação*

Lara Vollmer *Capa*

Priscila Lena Farias *Projeto gráfico*

Rua Pedroso Alvarenga, 1245, 4º andar
04531-012 - São Paulo - SP - Brasil
Tel 55 11 3078-5366
contato@blucher.com.br
www.blucher.com.br

Segundo Novo Acordo Ortográfico, conforme 5. ed.
do *Vocabulário Ortográfico da Língua Portuguesa*,
Academia Brasileira de Letras, março de 2009.

FICHA CATALOGRÁFICA

Freitas, Renata Oliveira Teixeira de

Design de superfície: ações comunicacionais táteis nos processos de criação / Renata Oliveira Teixeira de Freitas. - São Paulo : Blucher, 2011. - (Coleção pensando o design / coordenação Marcos Braga)

ISBN 978-85-212-0633-0

1. Design 2. Superfícies - Design I. Braga, Marcos. II. Título. III. Série.

11-14129 CDD-745.4

Índices para catálogo sistemático:

1. Design de superfície: Artes decorativas 745.4

Para conhecer e desenvolver

O presente volume é uma revisão crítica da dissertação *As ações comunicacionais táteis no processo de criação do design de superfície*, apresentada à Pontifícia Universidade Católica de São Paulo para obtenção do título de Mestre em Comunicação e Semiótica na área de concentração Signo e Significação nas Mídias.

Alguns elementos projetuais que constituem o escopo de pesquisa do design da superfície já eram tratados por áreas tradicionais de produção, como têxteis, interiores e cerâmica, há muito tempo. Porém, o objeto de estudo e de desenvolvimento do design de superfície ultrapassa esses elementos e essas áreas, constituindo hoje um escopo muito mais amplo, que envolve a arquitetura, a moda, o design de produto, o design gráfico, o design do ambiente construído e até mesmo o design digital.

O Design de Superfície se constituiu como campo de conhecimento e como uma especialidade do Design e, em particular do Design de Interface, em meio ao cenário pós-moderno no qual o Design ampliou suas fronteiras e interdisciplinaridades.

O texto de Renata Oliveira Teixeira de Freitas auxilia a conhecer esta "nova" especialidade do Design para os que a desconhecem, abordando conceitos, exemplos e processo criativo, e contribui para o desenvolvimento do conhecimento de seu campo para aqueles que o pesquisam, ao abordar a investigação processual a partir da exploração tátil no projeto das superfícies de diversas áreas. Deste modo, objetiva discutir as ações comunicacionais táteis do design de superfície a partir de seus processos de criação. Contribui, assim, para evidenciar algumas especificidades do design de superfície como área autônoma de pesquisa e desenvolvimento em design.

A Coleção Pensando o Design cumpre um dos seus objetivos ao dar espaço para textos que tragam informação e pesquisa dentro do largo espectro de atuação do design contemporâneo.

Marcos Braga
São Paulo, 2011

Aos meus pais e minha irmã

Agradecimentos

Agradeço com todo meu amor aos meus pais e mentores Stelamaris e Delfino por sempre incentivarem a seguir meus sonhos e desenvolver meus projetos. À minha irmã Fernanda por sempre me receber com um sorriso carinhoso. Ao Roberto por seu amor sincero, sua dedicação e amizade. Aos meus familiares, primos, tios e queridos avós que são fãs de carteirinha.

Aos meus amigos de longa data e de muitas aventuras, que vibraram, apoiaram e participaram de cada etapa dessa grande conquista. À dupla Carla e André e à Cristine que me ajudaram a compor imagem e palavra na entrada do livro.

Agradeço ao Ivan Bismara pela força e apoio quando tudo estava apenas começando. Ao professor Nelson pela atenção e valiosos ensinamentos. Aos profissionais que cederam generosamente as imagens para esse livro. À Cecília Almeida Salles por me ajudar a traçar o caminho e a lapidar cada detalhe da pesquisa.

E por fim, agradeço ao querido Professor Auresnede Pires Stephan pela atenção em ler cuidadosamente as páginas da minha dissertação, por acreditar e abrir as portas para a realização deste livro. Aos coordenadores da coleção pensando o design Marcos Braga e Carlos Zibel.

Tenho grande carinho por todos aqueles que incentivam o crescimento e o desenvolvimento de todos a sua volta, trocam ideias com generosidade, acreditam na amizade e se abrem para novas oportunidades. Eu, por sorte, encontrei muitos ao longo do caminho e cresci com a ajuda deles.

Às vezes permanecem durante muito tempo, às vezes ficam apenas para um café.

Aos leitores deste livro, muito obrigada, que este lhes possa inspirar.

A todos muito obrigada.

Conteúdo

Introdução

1

Com o intuito de esclarecer o desenrolar do livro, faz-se necessária uma breve apresentação da abordagem feita para discutir o design de superfície.

Entendemos que as superfícies estabelecem um modo de comunicação que envolve a percepção dos sentidos, não só por meio do sentido do raciocínio lógico e conceitual, mas também por tudo que representa a comunicação das sensações. A relação entre as superfícies e o público acontece na interação das qualidades sensoriais "[...]qualidade em si mesma, que é um poder-ser não necessariamente realizado." (Peirce, 1974, p.89) que essas superfícies oferecem (texturas, cores, grafismos entre outras qualidades).

O foco de discussão se concentra no pensamento de exploração tátil da superfície, que pode ser visto em diversas obras e objetos na história de nossa civilização, nos quais a superfície se constitui em um corpo capaz de receber e transmitir informações sensíveis por meio das propriedades táteis. Ao aliar a exploração da superfície com o conceito projetivo e industrial do design, é buscado, portanto, investigar os possíveis meios de exploração das comunicações táteis da superfície em um projeto de design de superfície a partir de sua gênese. Em outras palavras, objetivamos discutir as ações comunicacionais táteis do design de superfície a partir de seus processos de criação.

A perspectiva adotada é a da crítica de processos, de base semiótica peirceana[1], que trata o design a partir de uma conexão indissociável de seu processo de criação. Neste processo, existem inferências de origem externa (universo da *praxis*) e de origem interna (questões do universo das ideias) que interferem no trajeto criativo antes mesmo dos primeiros esboços e segue para além da resolução do produto distribuído no mercado. Nesse jogo de limites e novas possibilidades, as conexões se estruturam e dão corpo ao projeto, que se torna, assim, um propósito realizado.

1 Charles Sanders Peirce. Intelectual norte-americano, autor da teoria geral dos signos – semiótica.

De início, será tratada a abordagem conceitual e prática adotada sobre o tema. Logo, partindo para as discussões metodológicas, nas quais os capítulos seguintes se dedicarão a discutir mais a fundo alguns elementos da rede criativa que enreda a investigação em busca da comunicação tátil no design de superfície como o propósito criativo, serão abordadas a matéria e a técnica inseridas em um ambiente cultural e histórico.

No primeiro capítulo, será traçado um breve panorama das atuais discussões do design de superfície como meio de comunicação cultural e socioeconômica, comentando brevemente alguns avanços conceituais que impulsionaram o desenvolvimento da área como meio profissional e acadêmico. E, por fim, será introduzida a abordagem metodológica da crítica de processos escolhida para análise do corpus previamente apresentado.

Dedica-se o segundo capítulo à discussão das questões que dão tessitura à rede de criação do design de superfície. Esta reflexão procurará estabelecer conexões entre o movimento criador e o ambiente histórico-cultural do século XXI, na medida em que levantamos algumas novas percepções de valores que revelam um mercado focado em oferecer e consumir experiências de caráter emocional. Destacamos o interesse pela tatilidade nos produtos como ferramenta de aproximação entre usuário e objeto, capaz de estabelecer uma nova experiência funcional e emocional.

O capítulo seguinte dará continuidade à discussão processual, abordando a relação entre matéria e técnica na busca pela comunicação tátil, por meio da análise de alguns projetos que possuem, de diferentes maneiras, a intenção de exploração tátil da superfície. No último capítulo, serão retomadas algumas discussões processuais e suas relações intersemióticas com a percepção dos sentidos que sustentam as ideias e considerações desenvolvidas no decorrer do trabalho.

Nas últimas páginas deste livro, o leitor encontrará algumas considerações e reflexões sobre nossa aproximação do universo das superfícies. Qual é o papel que estas representam em nossa cultura e que relevância têm em nossa vida. E como o design pode traduzir os valores do homem, assim como suprir suas deficiências em projetos de superfície.

A superfície, entendida também como um corpo, parte de um outro corpo que abre espaço de diálogo para a constante e intensa relação entre o design e a cultura, que cada vez mais busca na sensibilidade sensorial um meio para ampliar a interface de relação com os usuários. A interface, por sua vez, pode assumir diversos significados e importâncias de acordo com o contexto. Aqui, tentamos abordá-la como uma superfície de mediação, um entrecorpos, onde existe grande potencialidade projetiva. Ao nos aproximar das especificidades processuais do design de superfície, podemos melhor compreender suas potencialidades projetivas, aplicações e propósitos, acionando outras experimentações de caráter multissensorial.

1.1. Sobre as abordagens do design de superfície

Nos últimos anos, o design de superfície vem sendo cada vez mais difundido, por profissionais atuantes, trabalhos acadêmicos, congressos e fóruns sobre o assunto. Existem cursos de graduação e especialização na área e, recentemente, em 2005, foi reconhecido como uma especialidade da área do design, por meio da proposta de revisão da tabela de áreas do conhecimento, promovida pelo Comitê Assessor de Design do Conselho Nacional de Desenvolvimento Científico e Tecnológico (CNPq) (Schwartz, 2008, p.3). No entanto, ainda são recorrentes as dúvidas a respeito dos seus objetivos e campos de ação. No ambiente de trabalho, essa profissão é exercida em diversas áreas sob muitos títulos, como designer gráfico, designer têxtil, desenhista, ilustrador, entre outros.

Nos fóruns e congressos, as discussões sobre a origem da profissão e até mesmo de sua legitimidade são frequentemente questionadas (P&D, 2008)[2]. Alguns afirmam que design de superfície é um desdobramento do design têxtil; outros, que é mais uma ferramenta de expressão do design gráfico. Na realidade, nenhuma dessas afirmações é correta em sua completude, apesar de muitas semelhanças com ambas as áreas.

O tema da origem do design de superfície serve muitas vezes de argumento para explicar tais semelhanças entre as áreas. Diante de tantas discordâncias, Evelise Rüthschilling, coordenadora do Núcleo de Design de Superfície no Rio Grande do Sul, o NDS-URFGS[3], esclareceu que o design de superfície, provavelmente, deve ter surgido no âmbito da área têxtil, onde as especulações e experiências sobre o assunto foram mais abundantes. Da mesma forma, outras áreas de

2 Mesa sobre design de superfície – P&D, São Paulo, 2008.

3 O Núcleo de Design de Superfície (NDS) é o primeiro núcleo dedicado ao desenvolvimento técnico e acadêmico na área, foi fundado pela Prof. Dra. Evelise Anicet Rüthschilling em 1998, em parceria com a Universidade Federal do Rio Grande do Sul.

igual tradição, como a cerâmica e os revestimentos, apresentam registros de exploração da superfície.

No entanto, é incorreto afirmar que o design de superfície ainda se mantém apenas restrito ao desenvolvimento têxtil. Tampouco se limita apenas à expressão gráfica bidimensional, o que o encerraria dentro do design gráfico.

O impulso de tentar aproximar ou mesmo fundir essas áreas pode parecer correto porque existem muitas semelhanças em seus processos de criação e, muitas vezes, nos resultados que apresentam. No entanto, semelhanças não significam que tenham o mesmo foco de atuação profissional. Todas as áreas em que o design de superfície faz interface são também universos que possuem suas próprias complexidades de trabalho, suas próprias questões e buscas expressionais e especificidades processuais. Afirmar que design de superfície é design gráfico ou têxtil ou de produto é sintetizar as complexidades intrínsecas de cada área. Existem tais denominações justamente porque possuem aspectos que são próprios de cada especialidade e não podem ser entendidos sob uma ótica superflat[4], que resume as características que são de aspecto geral do campo do design e de aspectos que são singulares de cada especialidade do design.

No primeiro Design Fórum de superfícies (São Paulo, 2009), ficou claro que a posição ocupada pelo design de superfície dentro do âmbito do design ainda é nebulosa. Dentre as várias alternativas, acreditamos que a superfície, assim como sua função, existe na interface. O design de superfície é um design de interfaces, existe na pele dos produtos (seja este da natureza que for). Há pontos de convergência com as outras áreas do design, como o design gráfico ou o design de produto ou têxtil. Isso porque o design de superfície pode ser encontrado em uma grande diversidade de situações e objetos. A questão de poder transitar entre uma ampla variedade de áreas e objetos se deve à sua matéria de trabalho, a superfície.

É claro que o design de superfície, sendo uma especialidade do design, compartilha de alguns princípios gerais que são comuns e recorrentes a todas as especialidades da área, como o envolvimento com a matéria, a técnica e a presença de um propósito criador. No entanto, as solicitações externas e os objetivos projetuais possuem focos distintos, gerando especificidades que caracterizam cada especialidade.

As superfícies devem possuir ferramentas para se relacionar com o homem e seu ambiente de forma ativa, permitindo

4 Murakami, Takashi 2005. *Little Boy: The Arts of Japan's Exploding Subculture*. Connecticut: Yale University Press. Termo cunhado pelo autor, que denomina o "achatamento" de conceitos e ideias que condensam especificidades de forma a adquirirem uma falsa homogeneidade.

a interação em todos os sentidos, com seu público, com o local em que se encontra e com seu próprio volume. Esse corpo ativo e integrado constitui uma "[...] parte integral da tridimensionalidade de forma não dissociativa, concebendo ou gerando os próprios volumes" (Barachini, 2002, p.3). A superfície que constitui por si só o corpo de sua estrutura é denominada de superfície-objeto, assim como explica Schwartz (2008, p.20):

> "Neste caso, a Superfície é organizada simultaneamente ao Volume, numa relação intrínseca, para estruturar o Objeto. O Objeto depende diretamente da relação entre Superfície e Volume, só sendo completamente apreendido e caracterizado ao final desta interação, quando somente então passa a existir como produto."

A outra função da superfície, superfície-envoltório é definida pela aplicação de um projeto de superfície sobre um suporte (um objeto já existente), como exemplifica Barachini, a estamparia de tecidos.

Em ambos os casos de escolha projetuais, as superfícies são "Tridimensionais por excelência, abertas e interativas" (Barachini, 2002, p.2). Essa perspectiva amplia os conceitos de superfícies que limitam suas relações expressivas e comunicativas a configurações geométricas de apenas duas grandezas (bidimensionais) ou, como extensão de uma área limitadas, ou, ainda, como a parte externa dos corpos e dos objetos, a aparência. A tridimensionalidade intrínseca às superfícies parte do ponto de vista relacional, ou seja, de sua posição e função como mediadora/ interface comunicadora entre espaços e corpos. Desta maneira, as superfícies se inserem no espaço e não apenas o representam. É sob o aspecto relacional, que poderíamos considerar multidimensional, que abordaremos o design de superfície neste livro.

O design de superfície visa a trabalhar a superfície, fazendo desta não apenas um suporte material de proteção e acabamento, mas conferindo à superfície uma carga comunicativa com o exterior do objeto e também o interior, capaz de transmitir informações sígnicas que podem ser percebidas por meio dos sentidos, tais como cores, texturas e grafismos. É verdade que o design gráfico também se propõe a isso mas, acima de tudo, se propõe a transmitir informações verbais, que possam ser lidas e entendidas corretamente pelo usuário.

Segundo Flusser (2008, p.102), deveríamos tentar entender melhor o papel que as superfícies representam em nossa vida. Ele afirma que "[...] que as linhas são discursos de pontos, e que cada ponto é um símbolo de algo que existe lá fora no mundo (um conceito). As linhas, portanto, representam o mundo ao projetá-lo em uma série de sucessões.". No entanto, as superfícies representam os conceitos descritos nas linhas, porém não é preciso seguir da esquerda para direita, de cima para baixo para compreender o que está sendo transmitido. Esta é a diferença entre a leitura de um texto e a de uma superfície. O primeiro exige que se siga a ordem da escrita se quisermos captar sua mensagem. Já na superfície, podemos apreender sua mensagem e depois tentar decompô-la. Para o autor, o pensamento em superfícies permite representar os fatos de maneira sensorial, onde a relação do que se apreende pode ser mais interativa por meio da estimulação dos sentidos.

Por meio da comunicação entre as superfícies e essas vias de captação, os sentidos, surgirão, depois, caso tenham sido relevantes, seus efeitos. As superfícies se tornarão capazes de pensar conceitos, "[...]é capaz de transformar o conceito em seu 'objeto' e pode, portanto, tornar-se um metapensamento de um modo de pensar conceitual. Até então os conceitos eram passíveis de ser pensados somente por meio de outros conceitos, da reflexão" (Flusser, 2008, p. 118).

O fato de posicionar o conceito de design de superfícies como uma categoria do design não lhe confere uma aplicação específica, ou seja, mais uma vez, esse tipo de trabalho é destinado a todas as superfícies, sem fechar o conceito ou o método de trabalho, nem o meio e a matéria utilizada, nem mesmo a estrutura de aplicação. Assim como propõe Raymond Bellour (1997, p.17), não se podem mais estabelecer práticas artísticas com um único núcleo com fronteiras rígidas, isto é, os campos e as áreas do conhecimento estão cada vez mais inclusivas, flexíveis, permitindo que as informações transitem com mais fluidez.

O design de superfície, assim como seu objeto de trabalho, existe nas relações de interface com outras áreas afins, atuando em interface com outros profissionais e com outros objetivos projetuais. Todo designer, de uma forma ou de outra, manipula a superfície. O designer de produto, por exemplo, trabalha a matéria da qual será feita uma cadeira, o designer gráfico explora diferentes tipos de papéis e técnicas de impressão para alcançar o resultado gráfico desejado. Porém, normalmente, a manipulação da superfície é usada apenas como um suporte que, a partir deste ou sobre este, o projeto se desenvolve. Em contraponto, alguns campos da engenharia, como o de desenvolvimento de materiais, projetam e produzem estruturas que geram superfícies sem considerar, no entanto, os possíveis resultados estético-plásticos dessa superfície e os efeitos que podem causar em seu público (Sudosloviski, 2006).

Guilio Carlo Argan, em seu livro *Projeto e Destino*, defende o conceito de tipologia arquitetônica. Segundo o autor, a definição de um *tipo* é condicionada ao fato de já existir uma série de exemplos que têm entre si uma evidente analogia formal e funcional. Um *tipo* é moldado a partir de experiências prévias diante de um momento histórico-cultural que, por sua vez, é formado por exigências que abrangem toda a vivência humana, em especial, a ecologia, a economia e a experiência emocional.

> [...] Em outros termos, quando um tipo se fixa na prática ou na teoria arquitetônica ele já existe, numa determinada condição histórica da cultura, como resposta a um conjunto de exigências ideológicas, religiosas ou práticas. (Argan, 2004, p.66)

O autor ainda afirma que os *tipos* não são constituídos apenas por seu caráter prático, mas especialmente por sua configuração, ou seja, um *tipo* é definido a partir dos meios que o definiram em primeiro lugar.

O conceito formulado por Argan é válido para a presente discussão à medida que considerarmos que um conjunto que possui as mesmas questões gerais pode ser reunido dentro de um *tipo*, considerando os meios que dão forma a seu conteúdo prático e simbólico.

Seguindo a ideia proposta pelo autor e aproximando-a da crítica de processo de criação, segundo Salles (2006), as características de um projeto são frutos de seu processo criativo. Esse processo se apresenta como uma teia de ideias e pensamentos regidos por forças internas do autor e exigências externas advindas do momento histórico-cultural, de questões econômicas e de valores da sociedade.

Assim, as inter-relações estabelecidas entre os elementos dessa rede determinam o *tipo*, como veremos com mais detalhes no seguinte item deste capítulo. Logo, o conceito proposto por Argan, para esta discussão, aplica-se aos conceitos de área, campo, categoria e especialidade do design. E, desta forma, um *tipo* se constitui a partir da soma dessas características. Da mesma maneira, pode ser considerada uma especialidade profissional.

O design de superfície é, portanto, uma especialidade do campo do design, já que seus meios práticos e simbólicos possuem relações únicas em seu processo criativo, caracterizando os trabalhos da área. Além disso, tem como função tratar, explorar e ressaltar a interface comunicativa dos objetos, unindo características funcionais e estéticas que se apresentam também em outras especialidades, porém em cada uma, tais fatores possuem importâncias específicas.

Agora que já localizamos o design de superfície como uma especialidade do grande campo do design, falta detalhar quais são os fatores que moldam essa especialidade.

A discussão sobre o design de superfícies nos traz possibilidades de reflexão sobre a percepção dos sentidos, como defende Flusser (2008). O ponto de encontro desses dois universos neste livro é o dialogo da ação comunicacional tátil na superfície. A partir de uma abordagem processual, busca-se compreender as convergências entre tato e superfície e apontar os modos como essas confluências influenciam a comunicação tátil.

1.2. Sobre a análise processual

A abordagem metodológica dialoga com as pesquisas no campo da crítica genética[5], que tem por objeto de estudos reconstruir os processos de criação a partir dos documentos ou registros deixados pelo artista. A princípio, a crítica genética se dedicava somente à literatura. Portanto, seus materiais de estudos eram, por exemplo, esboços, manuscritos, cadernos e anotações variadas.

À medida que os estudos genéticos foram expandindo seu campo de ação, a materialidade dos registros de processos também se diversificou. Logo, passou a abarcar todos os meios de linguagem de que a cultura atual dispõe, assim como seus registros de processo. Assim, são objetos de estudo da crítica genética maquetes, arquivos digitais, DVDs, entre outras mídias. Ao mesmo tempo, há pesquisas sobre as diversas manifestações artísticas, jornalismo, publicidade e, em nosso caso, design de superfície.

5 SALLES, Cecília. Crítica Genética: *Fundamentos dos estudos genéticos sobre o processo de criação artística*. São Paulo: Educ, 2008.

Trata-se de uma abordagem que discute os produtos do design de superfície a partir de sua gênese, isto é, consideram-se como fonte de informação os trajetos percorridos na criação de determinado produto ou tipos de produções, não se atendo somente ao acompanhamento dos arquivos de obras já entregues ao público, mas também aos vestígios do processo de criação.

> Narrando a gênese da obra, ele pretende tornar o movimento legível e revelar alguns dos sistemas responsáveis pela geração da obra. Essa crítica refaz, com o material que possui, a gênese da obra e descreve os mecanismos que sustentam essa produção. (Salles, 2001, p.12)

A ampliação dos estudos genéticos deu-se diante da grande diversidade de estudos de casos dos arquivos de artistas (em sentindo amplo) com respaldo teórico da semiótica peirceana. Fez-se notar, na comparação entre as informações obtidas, que existem recorrências de procedimentos criativos entre as diferentes linguagens artísticas. Essas recorrências são os nós direcionadores (Salles, 2006, p.24) de informações, que levaram à discussão sobre a existência de alguns princípios gerais que alimentam o processo da criação, tais como o propósito, a matéria, a técnica e o ambiente em que o criador se insere. Esta teorização sobre a criação, proposta por Salles nos livros *Gesto Inacabado* e *Redes da Criação* e desenvolvida pelos pesquisadores do grupo de pesquisa em processos de criação da PUC/SP, do qual faço parte, ofereceu instrumentos para aquilo que vem sendo chamado de crítica de processos criativos.

O trabalho do crítico de processo visa a identificar, interpretar e classificar os índices[6] do processo a partir da interpretação dos documentos, reconstruindo as conexões do percurso. Uma vez que as inter-relações vão sendo estabelecidas, a rede começa a ganhar dimensão, e é possível reconhecer alguns padrões, recorrências e também algumas singularidades que verificam ao projeto especificidades dentro das questões gerais.

Vale ressaltar que as informações recolhidas são vestígios de escolhas feitas segundo tendências ou propósitos projetivos que guiam o processo criativo e determinam essas escolhas das possibilidades que se apresentam durante o percurso. O designer manipula as informações ao seu redor na busca constante

6 Entendem-se como índices aqueles signos que carregam a memória de um gesto, signos que representam a ação de um pensamento. (Cardoso, 2008, p. 89)
Em termos peirceanos, corresponde à secundidade, ou seja, que existe na *"[...]dependência da relação do signo para com seu objeto, consistir em o signo ter algum caráter por si mesmo ou estar em alguma relação existencial para com aquele objeto ou em sua relação para com um interpretante [...]"* (Peirce, 1972, p.100)

pela aproximação da completude da criação, como veremos. Sob esta perspectiva,

> "O processo de criação, com o auxílio da semiótica peirceana, pode ser descrito como um movimento falível com tendências[7], sustentado pela lógica da incerteza, englobando a intervenção do acaso e abrindo espaço para a introdução de ideias novas[...]", que segue em contínua semiose, podemos flagrar certos momentos através dos documentos produzidos de diferentes estados de um projeto, mas que no entanto " [...] não se consegue determinar um ponto inicial, nem final." (Salles, 2006, p.15)

Deste modo, podemos entender que o conceito de criação como rede em processo abandona qualquer tipo de percepção da criação como um lapso criativo, fruto de uma inspiração instantânea. Projeto e processo são indissociáveis, já que o processo criativo é um eterno movimento de expansão e retração, devido às inúmeras mudanças, deslocamentos, eliminações e adições de novas conexões, como anteriormente mencionado. Seu caráter é dinâmico, e as interações entre eventos ocorrem de maneira plástica. Não há etapas a serem cumpridas nem caminho preconcebido, apenas uma tendência projetual, que se constrói a partir dessas inferências multidirecionais a que qualquer projeto está exposto. A todo momento são incluídas novas referências, percepção, cognição, memória, expressão de ideias. Tudo acontece simultaneamente. Neste processo, nada deve ser compreendido como etapas ordenadas de forma linear, "[...] tornando a rede uma cadeia infinita de agregação de ideias[...]" (Calvino apud Salles,1998, p.25).

> "A criação como rede pode ser descrita como um processo contínuo de interconexões instáveis, gerando nós de interação, cuja variabilidade obedece a alguns tipos de princípios direcionadores. Essas interconexões envolvem a relação do artista com seu espaço e seu tempo, questões relativas à memória, à percepção, recursos criativos, assim como, os diferentes modos como se organizam as tramas do pensamento em criação" (www.redesdecriação.org.br)

A criação segue para além de um "resultado final". A rede de novas e antigas conexões não cessa. Essa é a natureza temporal do processo. A existência de um produto final é uma

7 Processo de causação final, em termos peirceanos.

característica transitória que representa nessa rede uma das alternativas dentre outras infinitas alternativas possíveis, cogitadas ou não durante o processo de criação.

> "[...] Posto de outro modo, é na inferência sobre a história, reconstituída através da série dos estados assumidos pelo sistema, que se busca, através de recorrências, conhecer os hábitos e as leis de formação. Ainda com outras palavras, a crítica de processo busca mostrar, a partir da comparação das formas assumidas pelo sistema, a gramática de formação." (Cardoso, 2008, p.98)

A crítica de processo foi, assim, adotada como metodologia por propor uma análise mais abrangente de seu objeto de estudo. Sem ignorar o trabalho feito por trás do projeto "terminado", é capaz de identificar as escolhas feitas (as alterações processuais das formas, as dimensões, as cores, etc.) durante o processo e seus motivos.

Faremos uso desta conceituação de criação para discutirmos o material coletado, a partir das entrevistas feitas com profissionais da área, visitas a gráficas, indústrias e empresas que disponibilizaram informações sobre os processos de criação do design de superfície; além da participação de cursos, workshops, fóruns de discussão, palestras, publicações, vídeos e entrevistas com profissionais atuantes na área. A leitura desses documentos foi feita, e deve ser feita também pelo leitor, evitando segmentação e isolamento dos dados, considerando que são registros de um movimento criador, o qual é conduzido por um trajeto com tendências que rege o percurso criativo em uma ação comunicativa entre as possibilidades de escolhas e entre os recursos materiais e técnicos em busca da realização de projetos.

Assim como afirma Salles (2007), é preciso abrir espaço para as interpretações das relações que conectam esses dados, pois o fator relevante para um estudo de processo é entender como se dão as conexões, como elas surgem, como se modificam e como se expandem, e não apenas descrever e recontar eventos. Os princípios gerais da criação podem ser os mesmos nas muitas linguagens artísticas. No entanto, é na maneira em que se estabelecem as conexões que descobrimos as especificidades de um determinado processo. A crítica de processo verifica que os projetos são diferentes entre si, não apenas por seu objetivo, o propósito que o guia, mas também pelas conexões estabelecidas entre os elementos da rede que impulsionam a realização do projeto.

E, por assim dizer, de acordo com a abordagem teórica apresentada, visamos a inter-relacionar projetos de especialidades variadas, mas que possuam em comum uma intenção comunicativa tátil, reconstruir uma possível rede processual do design de superfície. Nessa reconstrução vamos nos ater, por ora, a discutir algumas especificidades do processo de criação do design de superfície geradas nas conexões entre algumas questões de linhas gerais: o propósito criador e suas conexões com os meios realizadores, a matéria e a técnica, inseridos em um momento histórico-cultural.

Propósitos da criação

2

2.1. Função e destino

Ao se tratar dos propósitos ou tendências que guiam os processos criativos, devemos compreendê-los também inseridos em uma rede de conexões. Essa linha-guia flexível, que conduz a criação de modo a alcançar os objetivos desejados ou requisitados, não existe por si só, isolada, "[...] só ganha consistência em relação a um sistema que a interage" (Morin, 2005, p.158).

Para tanto, devemos considerar os constantes diálogos entre as questões internas e externas ao universo do pensamento do designer. As questões internas envolvem o campo de escolhas pessoais, crenças, gostos e valores que regem as decisões do designer diante das relações de caráter externo referentes ao momento cultural e histórico em que o designer está inserido, os quais discutiremos a seguir, além dos meios realizadores do propósito, a matéria e a técnica.

Quanto às relações de caráter externo, o universo da *praxis* é o palco onde o propósito (universo das ideias) poderá se realizar, por meio dos materiais, das ferramentas e das técnicas inseridos em um contexto histórico-cultural. Esse universo, por sua vez, é regido por uma dinâmica de processo que possui certa linearidade, o oposto do que discutimos previamente no capítulo 1 (item 1.2). Em um ambiente de produção (artesanal, semi-industrial ou industrial), existem etapas que devem ser cumpridas para que se possa passar à próxima. A presença de um cronograma linear coordena e garante que o material esteja devidamente preparado para receber um novo tratamento, como a pintura, por exemplo. Isso tudo dentro de prazos de entrega dos produtos.

O processo criativo do designer, universo do desenvolvimento de ideias, coexiste com o processo e o tempo de fabricação, exigindo do criador saber lidar também com os limites e as escolhas desse universo. Neste sentido, as decisões são feitas de acordo com a intenção do designer. Para cada busca projetual, o criador seguirá um procedimento próprio para lidar com todas as questões e necessidades do projeto, a busca de referências, a manipulação dos materiais e as técnicas que envolvem a criação. Os propósitos ou as tendências criativas funcionam como "[...]sistema celular que comporta um núcleo contendo o patrimônio genético, um citoplasma, realizando as trocas com o exterior, e uma membrana que filtra, isto é, acolhe/recusa os elementos exteriores" (Morin, 2005, p.157).

Os diálogos e as negociações entre ideia e *praxis* conferem corpo à rede de criação do futuro produto, pois a todo momento são sugeridas e estabelecidas novas interações que, em diferentes níveis, modificam o projeto, forçando desvios, impondo limites e promovendo novas interações.

São reorganizações constantes que intensificam a complexidade de um projeto de design, pois implicam, muitas vezes, em mudanças significativas no layout proposto. Envolvem tempo, trabalho, conexão entre o criador e seu meio de produção. Muitas vezes, esses impasses são impostos pelo contratante, segundo ordens provenientes de mercado, de fornecedores, de apoiadores e de outros cargos que subsidiam a produção do produto em questão e, é claro, os próprios limites da matéria e da técnica.

O fato de às vezes o projeto ter que se adequar à realidade técnica e cultural, por questões tecnológicas, cronológicas, viabilidade de matéria-prima (disponibilidade de venda e uso) e financeiras mostra o quanto a criação é coletiva. Diferente de algumas abordagens que colocam o designer como criador único, pelo contrário, o papel do designer é ser o articulador (Niemeyer, 2003) diante das interferências, das rupturas, dos momentos de retroceder e de outros novos nós direcionadores provenientes de todas as partes envolvidas. Todas essas convergências e divergências interferem no resultado estético-funcional desejado. Os produtos gerados são resultados da multiplicidade e da interdisciplinaridade entre essas conexões. Os processos criativos migram de um espaço para outro, buscando cumprir seu propósito criativo. É uma relação retroativa, uma vez que são os mesmos empecilhos impostos que dificultam que o projeto siga adiante, que alimentam e também desafiam o designer com novas alternativas para que o projeto que se deseja empreender encontre meios possíveis que o torne real.

Em outras palavras, o designer se utiliza dos meios práticos a que tem acesso para incorporá-los e adequá-los ao seu projeto. Desta maneira, surgem novas solicitações externas que podem fazer com que o designer e seu propósito criador sigam por rotas alternativas, porém sempre mediados pela força dessa premissa de alcançar o objetivo, determinado pela própria idealização. É importante ressaltar, novamente, que nada em um processo de criação é decisivo, dominante ou permanente. Tudo é mutável, incerto, e os elementos participantes da rede possuem pesos e valores flexíveis.

> Um sistema de ideias constitui-se de uma constelação de conceitos associados de maneira solidária, cujo agenciamento é estabelecido por vínculos lógicos (ou com tal aparência), em virtude de axiomas, postulados e princípios de organização subjacentes; tal sistema produz o seu campo de competência, enunciados com valor de verdade e, eventualmente, previsões quanto a fatos e acontecimentos que deverão manifestar-se. (Morin, 2005, p.157)

De qualquer maneira, o propósito, como fruto desse meio de turbulências cultural e intelectual, é suscetível de inúmeras possibilidades de mudanças, as quais o projeto deverá absorver ou rejeitar, mas sempre terá que adaptar-se, pelo bem de sua continuidade.

Existem certas questões que são recorrentes em projetos de design de modo geral, que determinam a natureza desse percurso. Estamos falando de uma prática criativa intimamente ligada às relações de mercado, isto é, o mercado fornece possibilidades criativas e também exige que se cumpram certos requisitos de valor financeiro, funcional e estético. Todo projeto de design tem por objetivo elaborar um produto que seja útil e relevante para seu usuário, porque sua existência depende dessa aprovação. Por existência, queremos dizer permanência no mercado. O design se realiza não só na produção de um objeto, mas também na interação com o usuário, por meio do cumprimento de seus objetivos estéticos e funcionais.

Essas ações do mercado na área do design são conhecidas como *briefing*, que consiste em fornecer ao designer indicações gerais que envolvem informações técnicas do projeto, objetivos, direcionamento de público.

Neste caso, a tendência ou o propósito, como um desejo operativo, nos remete à ideia de *briefing*, que direciona o designer com indicações gerais que envolvem informações técnicas do projeto, objetivos e direcionamento de público. No entanto, o que o difere da tendência criativa é que o *briefing* não é um fator que determina o modo de execução do projeto. Somente traça um panorama do que se pretende fazer segundo as necessidades apresentadas pelo cliente, informando conceitos e objetivos que auxiliam no processo criativo do designer.

Um mesmo projeto pode ser executado de diversas maneiras. Os meios de ação de processo são determinados pelas forças direcionadoras: as limitações estéticas, técnicas, cronológicas e financeiras. Essas forças, ao mesmo tempo, impõem limitações e propõem inovações.

O ato de projetar para o design se refere à metodologia de trabalho, na qual existem certos procedimentos de conduta que devem ser levados em conta para que o projeto seja desenvolvido de maneira coerente diante dos eventuais obstáculos técnicos e mercadológicos.

Em resumo, esses procedimentos envolvem: atender ao *briefing*, conhecer a empresa, seu maquinário e meios de produção; procurar conhecer melhor a cadeia de relações que envolvem seu cliente. Em outras palavras, informar-se sobre qual é seu mercado comprador e o fornecedor. Quem é o público (usuário, comprador, contratante) que se deseja atingir, público esse que representa hoje no cenário do mercado e da criação o ator principal.

> O projeto, portanto, deve compreender em si, no seu traçado, a consciência de todas as condições técnicas inerentes à sua realização; deve implicar a correspondência do objeto a todas as exigências práticas a que deve servir, e não só as exigências deste ou daquele indivíduo ou grupo social, [...], deve resolver também todas as questões inerentes à matéria, para que nenhuma distinção, nenhuma separação possa mais subsistir entre o mundo ideal, ou do espírito, e o mundo prático, ou da matéria. (Argan, 2004, p.121)

São meios, pelos quais os designers podem se aproximar do universo técnico e conceitual com o qual irão trabalhar, atentos às questões específicas de cada novo projeto. As referências e experiências servem como base para compreender melhor as novas especificidades apresentadas.

Assim, ainda que tenham o mesmo objetivo, no que se diz respeito ao seu processo fabril, cada projeto é singular, único. Cada decisão tomada, cada limite imposto faz com que a todo momento o projeto esteja em contínuo deslocamento. Por isso, até um mesmo projeto já realizado, quando retomado pela segunda vez, não será mais o mesmo. Ainda que este não seja retomado ou modificado, ainda assim ele será diferente, porque o tempo passou, as significações percebidas no objeto também mudaram, a percepção e a cognição foram alteradas.

Apresentada a perspectiva do criador em relação aos meios e ao ambiente da criação, seus processos limitadores e também geradores, seguimos adiante, aprofundando-nos nas questões do ambiente histórico-culturais que envolvem o designer.

2.2. O mercado da experiência emocional

No livro de Antonio Negri (2005), *Cinco lições sobre o Império*, o autor defende que a transição do período moderno para o pós-moderno é marcada pela mudança do pensamento de massa para o pensamento de multidão. No conceito proposto por Negri, a individualidade não se perde, a multiplicidade é característica fundamental da existência do coletivo. Esse conceito diz muito sobre as questões sociais vividas hoje, e como essas questões, centradas no indivíduo e em seu meio, influem sobre a economia, a política e a cultura.

Muito diferente de algumas décadas atrás, o consumidor do século XXI já não se comporta de maneira passiva em relação ao mercado, como nos períodos de produção Taylorista e Fordista, nos quais as únicas possibilidades de escolha do consumidor eram produtos-padrão, sem diferenciais emocionais ou funcionais entre eles.

Atualmente, o consumidor é bem informado sobre o que consome, busca interação com as empresas, intervindo até mesmo no processo de criação dos produtos. Nas últimas décadas, a inovação não é mais relacionada à racionalização do trabalho. Ela é associada à capacidade da empresa de se relacionar com o seu público. A estratégia de uma empresa é estruturada a partir do relacionamento com o cliente e da troca de informações entre eles. A integração entre o consumidor e o criador ativa a produção, permitindo a inovação de ideias, ampliando e diversificando ainda mais seu campo de atuação. A dinâmica da relação empresa-cliente, inclusive o processo projetivo como um todo, passa pela transição de *back-office* (trabalho clássico dos serviços) para o *front-office* (as relações com os clientes), em que a relação com o consumidor é priorizada, e o modo de produção passa a ser caracterizado pela integração da relação entre produção e consumo (Lazzarato, 2001).

Nota-se, então, o movimento inverso: é o design que se adapta às mudanças estéticas e funcionais dos usuários, e não o contrário. A mercadoria pós-industrial é resultado de um processo de criação que envolve as duas pontas do trajeto produtivo, o criador e o consumidor.

Os consumidores procuram associar-se a empresas que signifiquem algo relevante em sua vida, isto é, que caminhem e se comportem de acordo com seus valores e desejos. Procuram ser ativos, maximizando sua relação com empresas e marcas.

Interessam-se pela comunicação com o público, gostam de ser surpreendidos, querem mais informações, além daquelas que lhes foram prestadas, buscam com frequência os serviços de atendimento e de pós-compra e tendem a preferir os produtos/empresas comprometidos com o social e o ambiental.

Cada vez mais, os consumidores querem participar das etapas de elaboração do produto que consomem. Buscam essa interação, permitindo que as marcas se aproximem de tal maneira a realmente pertencerem ao seu cotidiano de maneira menos intrusiva (Weiss, 2007).

Segundo Rifkin, o momento vivido é o estágio avançado do "capitalismo das imagens", a forte presença da experiência neste estágio anuncia a transição para o capitalismo cultural plenamente desenvolvido que abrange todos os meios da vida humana, "[...] ,apropriando não só os significadores da vida cultural e das formas artísticas de comunicação que interpretam esses significadores, mas da experiência vivida também[...]" (Rifkin apud Fontenelle, 2002, p.189).

A cultura da comercialização da imagem evoluiu para a cultura da experiência emocional, que atua de forma mais abrangente, explorando os sentidos humanos e a vertente comercial das experiências. Ao propor novos meios de interação, as marcas conseguem uma maior proximidade com os usuários. Estabelecendo uma relação aberta baseada em compartilhar experiências positivas, formando uma comunidade entre aqueles que a vivenciam. A imagem se descola do produto e passa a representar todo um universo cognitivo e cultural que abrange inclusive o objeto. Pode-se dizer que, para alguns setores do mercado, a experiência passa a ser o "produto" em si. A compra do objeto físico já não é essencial para vivenciar a experiência.

Um produto que seja capaz de abraçar todas as dimensões sensíveis do homem, promovendo experiências positivas, ricas e relevantes a todas as esferas do entendimento humano, certamente estará à frente de seus concorrentes.

As motivações dos consumidores do século XXI vão além do acúmulo de riquezas, do desejo de poder e da ostentação social de outros tempos. É a busca de signos de conteúdos imateriais que impulsionam as relações comerciais. O processo seletivo pelo qual o produto passa antes de ser adquirido é cada vez mais refinado. No momento da escolha e também no momento anterior a esse, o consumidor visa à marca e ao produto que estejam mais conectados com ele, isto é, que efetivamente se aproximem de seu "eu", proporcionando-lhe uma experiência única de estilo de vida.

Isso explica por que algumas marcas e produtos se destacam em meio à concorrência. Elas têm o poder de encantamento sobre seus consumidores, surpreendem constantemente, despertando-lhes emoções por meio de uma comunicação fluente com os consumidores. O sucesso de uma marca é a clareza com que ela transmite sua mensagem ao consumidor e, é claro, à importância e à relevância dessa mensagem.

O fascínio de uma marca é perene quando esta é capaz de transformar sua trajetória em mito, construindo em volta de si um universo próprio que coexiste com o mundo real. Essas marcas constroem sonhos, estilos de vida, tornam eternos os bons momentos.

É um fenômeno que seduz consumidores de todas as partes. Logo, não existem barreiras culturais ou geográficas que os separem. Isso acontece porque existe um padrão de organização que coordena todos os órgãos de uma empresa, garantindo que todos, desde os funcionários, a fornecedores até a produção, estejam totalmente comprometidos em manter os níveis de qualidade representados através dapela imagem da marca.

O padrão do "estilo" da marca se sobrepõe a qualquer diferença que possa existir, seja ela geográfica, cultural ou religiosa. O conceito da marca permanece intocado da fachada para o interior da loja e se estende através das mídias. O "estilo de vida" proposto pela marca se revela, sendo a própria experiência. É por meio do estabelecimento de padrão de percepção de qualidade que uma empresa garante a repetição daquela determinada experiência cada vez que é consumido.

Esse método ou forma de pensamento faz com que empresas que atuam em todo o globo, como McDonald´s, Apple, Lamborghini e Chanel, sejam tão bem-sucedidas. Segundo Blecher (apud Fontenelle, 2004, p.88), estas possuem um "conjunto de valores, cuja identificação e quantificação, somadas ao correto gerenciamento, traduz-se em criação de valor para as empresas".

No ambiente do design, o uso de padrões, repetições e elementos de semelhança estético-formais são benquistos pelo mesmo motivo das empresas e indústrias, ou seja, a garantia de qualidade e de atendimento especial. Em outras palavras, essa garantia pode proporcionar aos seus consumidores uma experiência inesquecível, no intuito de fidelizá-los por meio do encantamento por seus mundos.

Esse conjunto de valores do objeto e/ou serviço corresponde ao que talvez possa ser chamado de inteligência, que deve estar necessariamente contida no produto, mas de modo algum precisa estar visível como complexidade, em sua superfície.

Com o intenso desenvolvimento tecnológico a partir da década de 80, a busca por diferenciais mercadológicos se intensifica quando o incentivo à interdisciplinaridade de estratégias comunicacionais e recursos materiais aumenta, ampliando a potência de atuação do design. Segundo Zibel (2007), é neste período que se começa a falar da virada visual, que corresponde ao crescente interesse em tornar ativa a relação das pessoas com o design, moda, publicidade, arquitetura e artes. A intensa experimentação via corpo revela outra perspectiva comunicacional, reformulando o conceito da visualidade do design. A abordagem do designer mudou profundamente com a transição da manipulação estritamente do âmbito físico do produto até a manipulação híbrida de valores de naturezas diversas, físicas e emocionais.

O design, assim como a publicidade, moda, entre outros, é definido pela relação particular que a produção mantém com seu mercado e os seus consumidores. Esse é o máximo da integração do consumo na produção, segundo Lazzarato (2001).

A proposta do design como um todo se ampliou na medida em que as necessidades dos consumidores se tornaram cada vez mais específicas e sua percepção mais aguçada. O mesmo se pode dizer do design de superfície. Sua função transcende o trabalho simplesmente decorativo de outros tempos. A função da superfície vai além de ser o invólucro de qualquer corpo existente ou suporte de matéria-prima. É também a camada de comunicação com o mundo exterior. Por meio da manipulação da superfície, da seleção de materiais, grafismos, texturas e cores nos objetos de uso, é possível estimular os sentidos humanos e provocar sensações, fortalecendo a conexão estabelecida entre usuário e objetos por meio da experiência emocional.

O valor real de um objeto já não se restringe aos limites físicos e ao cumprimento satisfatório de suas funções mecânicas. Esses requisitos de qualidade hoje são tidos como pré-requisitos para a entrada de um produto no mercado. O fator que irá torná-lo realmente surpreendente e o diferenciará dos demais é a dimensão imaterial contida em todas as características do produto, na sua forma, na textura, na sua superfície.

> "O despertar das emoções antes colocadas como consequência de um bom design, hoje deve ser visto como algo que o designer deve constantemente procurar; algo que deve vir antes mesmo do projeto, o que também não significa que a funcionalidade está em segundo lugar." (Manu,1995, p.5)

Tal dimensão imaterial é constituída por conjuntos de valores intrínsecos e também atribuídos ao produto, que transformam um simples objeto em parte integrante da vida de seu usuário.

2.3. O trabalho imaterial

Na era da experiência, em que as questões emocionais passam a ser questões políticas (Ferry, 2008), muito discutidas e questionadas, explorar os caminhos possíveis que todas as potencialidades humanas podem proporcionar, além de um meio natural de abordar e suprir certas carências no campo da comunicação, é também um fator estratégico de mercado. O trabalho imaterial define não só uma nova qualidade de trabalho e de prazer, mas também novas relações de poder e, por consequência, novos processos de subjetivação.

"O trabalho imaterial se encontra no cruzamento (é a interface) desta nova relação produção/consumo[...]" que "[...] dá forma e materializa as necessidades, o imaginário e os gostos do consumidor." (Lazzarato, 2001, p.46). Segundo a definição de Lazzarato, nota-se que, com a crescente difusão do mercado da experiência, o trabalho com o universo imaterial se tornou o elemento imprescindível, e o nível de subjetividade desejado se torna cada vez mais complexo. Consequentemente, o designer deve saber compreender em sua especialidade todo o conceito desse novo pensamento de projeto.

A imaterialidade da informação e do conhecimento é definida por André Görz (2005) como os *saberes*, uma competência que se aprende por meio da prática e do costume. Não implica estabelecê-los como um conhecimento formalizável. Os *saberes* são aprendidos quando a pessoa os assimila a ponto de esquecer que teve de aprendê-los.

De certo modo, é possível abordar os sentidos como saberes. Eles estão presentes no corpo de todo ser humano, mas nós os "aprendemos" e os desenvolvemos de forma instintiva. São esses saberes as potencialidades comuns, presentes na cultura, que são a verdadeira matéria-prima do trabalho imaterial de Lazzarato e Negri (2001).

Rifkin comenta que a dimensão imaterial dos produtos leva vantagem sobre a realidade material. Seu valor simbólico, estético ou social prevalece sobre seu valor de uso prático (Görz, 2005), talvez por não poderem ser mensurados segundo o sistema de troca comercial moderno. O valor imaterial exige de todo o sistema cultural outro método de avaliação, baseado em outras referências de valor. Os objetos também habitam o território de existência humana e assumem uma complexidade tão grande quanto o próprio funcionamento do corpo. Assim como os novos saberes, os benefícios cognitivos são alcançados graças a essa dimensão imaterial do universo emocional construído em volta do objeto que permite o acesso à experiência.

No entanto, deve-se destacar que a experiência emocional, a transmissão de informações e de sensações de um corpo a outro também acontecem na dimensão física, na interface ("pele" do produto). Em parte, é o próprio corpo físico do objeto que permite que o consumidor vivencie o universo desejado e, em parte, a mediação estabelecida entre ambos. A identificação imaterial se dará na convergência de signos entre a experiência oferecida pelo objeto e as expectativas, os valores e as referências emocionais prévias do consumidor.

No projeto de superfície, a materialidade permite tornar real a imaterialidade, isto é, é necessário um corpo, físico ou virtual, para que se desenvolva uma estrutura gráfica ou tátil que, por sua vez, servirá de estímulo aos sentidos humanos. A materialidade é, de certa forma, uma plataforma para se alcançar o conceito, o cognitivo, o imaterial. O desafio de explorar os limites físicos impostos pela técnica e pela matéria faz parte do ato de projetar, buscando sempre evidenciar as potencialidades funcionais e estéticas da superfície e, assim, permitir que a troca entre os ambientes (interno e externo) e o público seja fluída e interativa. O conteúdo imaterial oferecido ganha ou perde força por causa das escolhas que constroem a materialidade.

Isso porque é por meio da realização material que o conteúdo comunicativo e significante pode ser revelado. Não seria um projeto, uma expectativa de realização de um produto, se não fosse efetivamente construído. Do mesmo modo, o conteúdo comunicativo, um signo ou conjunto de signos só existe porque damos significado a ele , porque "[...] invoca nexo entre práticas, coisas e as inúmeras possibilidades de relações entre elas. A partir daí, surgem infinitos propósitos comunicativos entre contextos sintáticos, papéis semânticos e diferentes estados corpóreos, que se constituem, eles mesmos, como sistemas sígnicos" (Greiner, 2005, p. 97).

O campo imaterial se revela no design de superfície na sensibilização dos sentidos. É na categoria de percepção das sensações que se encontra o conteúdo informacional do design de superfície. Ele invoca um outro tipo de leitura (Flusser, 2008), assim como foi explicado no capítulo 1. É a partir das sensações que um projeto de superfícies funcionará como um diferencial competitivo.

Essa área lida com elementos que, muitas vezes, passam imperceptíveis a um encontro comum e apressado, porém sensíveis aos sentidos humanos. As texturas, os grafismos e as cores fazem parte do espectro de trabalho do designer de superfície.

Apesar de poder ser percebidas e sentidas por meio dos olhos, a visão não é capaz de apreender todas as informações oferecidas nas texturas. O tato, por sua vez, é sensível às rugosidades mais sutis, proporcionadas pelas diferenças de relevos e sulcos, curvas e formas e é capaz de perceber essa informação transmitida e codificá-la, transformando-a em sensação. A sensação proporcionada pelo toque é capaz de comunicar uma informação, e essa informação terá algum efeito sobre o usuário. É a possibilidade de causar no usuário um efeito positivo e importante que permaneça com ele por muito tempo, assim, abrindo espaço para outras conexões.

2.4. Os sentidos

Os sentidos formam e indicam o que somos. São canais pelos quais apreendemos o mundo, e o mundo nos apreende. A comunicação ativada por meio dos sentidos vem sendo amplamente explorada como prática profissional e artística, buscando inovações e meios de sensibilizar os sentidos humanos. E, a partir desse encontro, estabelecer uma comunicação proativa com outros canais comunicativos do corpo e que não necessariamente são expressos por meio da comunicação verbal.

O corpo responde a estímulos de maneiras diversas, por meio de um gesto, de uma expressão facial, da dilatação da pupila. Esses índices de comunicação, dizem muito sobre a reação de uma pessoa a uma situação ou experiência. São respostas sutis que merecem mais atenção e cuidado ao serem analisadas. A comunicação dos sentidos acontece de maneira sinestésica, devido às inúmeras terminações nervosas, envolvendo sempre todos os sentidos em diferentes níveis.

Segundo Miguel Nicolelis (2008), a percepção que nosso corpo possui de si próprio é a de um corpo conectado. As respostas às sensações acontecem em cadeia. Quando se apreende uma sensação, ela é "repassada" a todo o sistema nervoso, como um fluxo sensorial, sensibilizando todas as faculdades sensório-receptoras. Dessa maneira, cada canal receptor contribuirá com sua abordagem em relação a essa determinada sensação. A somatória dessas informações culminará nas reações físicas e emocionais que ocorrem no corpo.

O sistema sensório funciona sinestesicamente em sentido não cronológico dos acontecimentos, isto é, não é possível apontar exatamente onde começou e, principalmente, é impossível apontar o fim de seus efeitos. Desde o momento indefinido em que capturamos essa sensação, nossa mente aciona múltiplas associações e conexões, no intuito de entendê-la e aprisioná-la em nosso repertório. Podemos resgatar certas apreensões de cheiros, texturas, cores em nossa memória a qualquer momento. São lembranças contaminadas por outras lembranças e até certo ponto inventadas por nossa própria rede de repertório. A memória aponta um referencial de uma lembrança, por isso sempre temos uma idéia ideia geral ou uma sensação um pouco borrada das experiências que vivemos.

Os múltiplos meios receptores e emissores de informação e o modo particular de percebê-los e usá-los se aproxima do conceito de redes (Salles, 2006), uma certa percepção leva a outras associações e, dessa maneira, a rede continua, de conexão em conexão, em semiose infinita. Os efeitos produzidos por essa sinestesia continuam infinitamente sobre nossa realidade de maneira consciente ou inconsciente, podendo ser retomados por meio de alguma nova apreensão que reative a memória.

2.4.1. Aplicação prática dos sentidos

A maioria dos veículos de comunicação ainda recorre com maior frequência a estímulos audiovisuais e impressos para a produção e a promoção de seus produtos.

O exercício contínuo de apenas um ou dois sentidos estimula e, ainda que indiretamente, sensibiliza os outros sentidos. No entanto, os sentidos do tato, do paladar e do olfato continuam como recursos secundários.

Isso nos leva a pensar na existência de alguma ordem de importância entre eles. O que resulta em afirmações que apresentam a visão, por exemplo, como o sentido que oferece a percepção mais concreta daquilo que chamamos de realidade, desconsiderando o fato de que esse sentido é apenas uma parte do conjunto de receptores de informações, sendo, assim, apenas uma parte da realidade percebida. Muitos estudos centrados na neurociência moderna afirmam que, tanto a visão como todos os outros sentidos, têm papel fundamental na percepção humana.

É possível que o ser humano tenha certos sentidos mais aguçados que outros em comparação a outras espécies. A limitação de um de nossos sentidos nos obriga, por pura necessidade de sobrevivência, a ativar os outros sentidos, estendendo sua potência diante da ausência ou limitação de um dos meios de recepção. Portanto, nada impede a sensibilização por meio dos outros sentidos, que podem abrir campo para outros modos de abordagem e compreensão do ambiente.

É importante para todos como potenciais usuários e criadores procurar outras maneiras de sentir, de aprender os sentidos e de apreender suas sensações. A questão da experiência emocional fez ressurgir o interesse pelos outros sentidos e pelos efeitos destes na vida do homem. No caso do design, o tato está sendo redescoberto, e os consumidores estão "reaprendendo" a usá-lo.

Com a parceria tecnológica de novas mídias, o design tem quebrado muitas barreiras no que se diz respeito à interface de comunicação. As telas com função *touchscreen* revolucionaram a maneira como as pessoas se relacionam com seus computadores e celulares. O mais interessante de tudo, para esta pesquisa, é a inovação que vemos no Ipad e *smartphone*, por exemplo, a sensibilidade dessa superfície (tela) ao toque dos dedos acionando as funções do dispositivo. É só tocar e acontece. O aparecimento desses novos consoles tecnológicos no mercado aponta o quanto essa nova linguagem tecnológica busca na tatilidade comunicativa do corpo um meio de comunicação.

A emergência da linguagem tátil-audio-visual[8] na cultura midiática contemporânea já acontece há alguns anos, sendo que nos últimos se mostra bastante presente no cinema e nos jogos eletrônicos. O fato de que o sentido do tato existe em toda a extensão do corpo humano está sendo usado como recurso para se experimentar novas interfaces de relação, como no jogo eletrônico Wii, no qual o uso do corpo, de seus movimentos e reações são os novos *joystick*, esse apelo tátil reforça a intenção de realmente conectar o que os "olhos veem" por meio do que o corpo sente. E, indo mais além, ampliando a experiência do corpo em relação ao produto, a tecnologia do Kinect permite que, por meio da leitura dos gestos corporais, o jogador possa interagir diretamente com o jogo a sua frente sem a mediação do controle/*joystick*

As telas *touchscreen* ou mesmo o Wii e o Kinect ilustram uma nova conduta que se tem atualmente em relação ao tato,

8 PEREIRA, Vinícios. Simpósio sincretismo dos sentidos, 2008.

explorando sua múltipla capacidade comunicativa. Mostram a importância do contato da pele e das conexões que se ativam por meio desse sentido.

Falando em design de superfície, o tato é um recurso inesgotável, que traz benefícios tanto práticos, de caráter produtivo, quanto emocionais. Verdadeiros diferenciais em produtos que até então não possuíam diferenciais.

A tatilidade na linguagem audiovisual contemporânea propõe trabalhar de maneira totalmente nova a bidimensionalidade, incentivando mudanças nas relações de interação no audiovisual. A representação de formas bidimensionais encontram na comunicação sensorial novas ferramentas para a representação e experiência tridimensional. O pensar em design se torna cada vez mais sensível à percepção sensória, tentando englobar o máximo do entendimento e do conhecimento humano. A ideia de pele vem extrapolando espaços e constantemente se encontra com outros corpos. Logo, torna-se possível dizer que esses produtos de comunicação são, de fato, meios de extensão da realidade, uma vez que até mesmo a maneira de apreender o mundo é similar.

A superfície, invólucro protetor presente em todos os corpos, neste caso, a superfície dos objetos, torna-se uma pele por meio da qual nós (o mundo exterior) entramos em contato com o mundo existente e possível dentro daquele outro corpo e vice-versa.

O design de superfície carrega em seu próprio feitio uma nova maneira de perceber um mesmo objeto. Ele confere ao produto novos valores. Um trabalho cuidadoso e bem direcionado resultará em um produto diferenciado que abraça com mais amplitude os sentidos dos futuros usuários.

Essa discussão nos faz repensar algumas questões: onde estão os limites, os vértices e a superfície de cada corpo? Essa realidade entendida também impõe novas regras de comportamento e de entendimento do próprio corpo? Logo, um novo parâmetro de interior e exterior de contato e de sensações se apresenta? Tornamo-nos tão flexíveis de acordo com as experiências que temos?

2.4.2. O tato e a superfície

Na formação do ser humano, a primeira célula possui três camadas, as mesmas que no decorrer do desenvolvimento do corpo formarão todas as outras células. O ectoplasma é a camada mais externa das três. É justamente a responsável pela formação do órgão mais exposto, a pele, e do sistema mais protegido do corpo humano, o sistema nervoso. São os dois sistemas responsáveis por proteger e ao mesmo tempo introduzir o corpo humano no mundo. É a pele que funcionará como mediador informacional entre o interno e o externo, entre o que somos biologicamente e o que somos socialmente.

A ambiguidade da pele, suas curvas, declives, fissuras, poros provocam percepções de níveis e intensidades diferentes. São assim todas as superfícies. Mesmo que a olho nu aparentem homogêneas, possuem irregularidades que as configuram como meio de transmissão de informação, como superfície de inscrição, marcas e registros de cultura, de expressão individual, de vivência, do tempo.

O tato está ligado ao instinto de sobrevivência. É através dele que o meio exterior ao corpo é explorado e apreendido desde os primeiros dias vida, coletando informações e formado conhecimentos relacionados a movimentos e gestos corporais (Grunwald, 2008).

As experiências vivenciadas pelo tato são de caráter sutil e até mesmo um tanto automáticas. Acontecem como reações imediatas e muitas vezes não chegam a ser analisadas mais profundamente. É justamente pela sutileza e a rapidez de resposta que as percepções feitas pelo tato passam muitas vezes despercebidas no dia a dia.

O tato é responsável pela percepção de equilíbrio do corpo, pela percepção de altura, pela temperatura e pela rugosidade. As diferentes sensações (descritores) são percebidas por meio de formas distintas pelo corpo. A capacidade tátil é dividida em consciência tátil passiva e consciência tátil ativa.

A consciência tátil passiva controla sensações que envolvem questões como a pressão externa e a ação da temperatura em partes do corpo e influi no desenvolvimento da inteligência emocional do indivíduo e no crescimento social. A consciência tátil ativa trabalha quando é preciso explorar um ambiente com as mãos, os pés ou a boca, ajudando o cérebro a apreender os objetos que nos cercam segundo as vibrações de som, altura e profundidade, dureza e textura (Grunwald, 2008).

É por meio dessas consciências corporais que são constituídos os mapas corpóreos, ou somatotópicos, onde é armazenado todo o repertório de sensações adquirido durante a vida de cada indivíduo, a constituição dos saberes, proposta por Görz (2005).

Esses estímulos sensoriais são processados pela matriz neural, teorizada por Melzach, (apud Grunwald, 2008), a qual possui muitas vias e circuitos nervosos, conhecidos como sistema límbico, responsável por gerar todas as emoções. É por esse motivo que sensações como o conforto ou desconforto, por exemplo, são acionados de maneira única em cada indivíduo quando em contato com uma determinada textura ou temperatura.

O tato pode representar um grande passo no mercado da experiência, cada vez mais astuto e criativo. Pode também representar um passo ainda maior, possibilitando a criação de projetos mais sustentáveis e o descobrimento de novas estéticas, como nos avanços dos estudos de aparelhos médicos que permitam que pessoas deficientes recuperem seus movimentos motores (Nicolelis, 2005), por exemplo. Também favorece a um maior número de indivíduos no desenvolvimento de sinalização tátil, diminuindo o excesso de informação visual dos ambientes, e o desenvolvimento de materiais para o setor de arquitetura e design mais resistentes a abrasões, ao calor e à corrosão.

A pele de um produto, assim como a nossa, é a primeira interface comunicativa entre o usuário e o objeto, interior e exterior. O design de superfície tem meios de formar, intensificar, estimular os sentidos humanos. A conexão entre o produto e a emoção pode ser estabelecida e intensificada por meio da manipulação da superfície do material, captando com mais destreza a atenção do consumidor em meio a uma imensa variedade de produtos.

A construção dessa relação emocional leva em conta que a dimensão imaterial é constituída por conjuntos de valores intrínsecos e também atribuídos ao produto, que transformam um simples objeto em parte integrante da vida de seu usuário.

Atender ao mercado consumidor é um objetivo que permeia uma complexa rede psicocultural com inúmeras medidas de valores conectadas entre si. Projetar com vista à melhoria dos produtos e serviços corresponde a uma tarefa que abraça tudo que tange ao universo sociocultural, ao funcionamento mecânico, ao sentido estético e o valor simbólico. Projetar para o bem viver é uma responsabilidade desses criadores de tendências que têm em mãos a ferramenta do design para traduzir a vida real das pessoas (desejos, necessidade, usabilidade...) em objetos e serviços que facilitem suas tarefas diárias, desembaracem os obstáculos comunicacionais e despertem novos olhares sobre o mundo.

3

Processos de Criação: do geral às especificidades

3.1. O material

Em uma área que permite uma atuação criativa tão ampla, os meios para realizar o propósito são diversos. Como já comentado, os elementos e os eventos que alimentam a rede de criação atuam simultaneamente como potencialidade e limite, isto é, os meios materiais e técnicos que possibilitam a realização de um projeto carregam em si a possibilidade de exercer sua potencialidade e também apresentam limites físicos, químicos e estéticos.

Considerando o material como meio fértil, em seu caráter técnico e comunicacional que abre caminhos para que, através da atuação técnica, os propósitos projetivos que existem no universo conceitual do designer sejam realizados, no lugar de uma visão estática da presença e da importância do material no processo criativo, na qual ocuparia uma posição passiva, à vontade do designer, optamos por abordá-lo como um meio possibilitador, colaborador, realizador do projeto.

Os resultados de um trabalho de design de superfície dependem muito da seleção de materiais, pois é sobre o suporte material ou a partir dele que o projeto de superfícies acontece. A matéria também possui sua materialidade própria, isto é, características físicas, químicas e sensórias que lhe conferem potencial expressivo e de manuseio.

O designer depende das características intrínsecas desse material e, também, de sua desenvoltura em relação à técnica escolhida para trabalhá-lo. Todo material possui características singulares, de acordo com sua origem natural ou artificial, que exigem do designer abordagens técnicas e criativas distintas.

3.1.1 Características intrínsecas dos materiais

Na disciplina de Ciência dos Materiais, os materiais possuem quatro componentes de análise básica: o processamento, a estrutura, as propriedades e a performance (Kunzler apud Callister, 2003c, p. 28). O processamento corresponde às transformações da forma física e/ou do estado físico-químico (sólido, líquido e gasoso) da matéria. Em outras palavras, o processamento modifica a estrutura e/ou suas propriedades químicas, que, por sua vez, influenciam a performance do mesmo. O processamento ou processos de fabricação fazem parte das indústrias de transformação, que se dedicam a transformar a matéria-prima em um produto. Em geral, todas as indústrias que lidam com a modificação da matéria em algum nível são assim denominadas.

Dentre as possíveis transformações às quais os materiais estão expostos, estão as características intrínsecas e as atribuídas que também se modificam com o processo de fabricação. Ao elaborar um produto, os designers buscam, na seleção de materiais, características tangíveis e intangíveis que sejam adequadas ao seu público e que possam transmitir os significados desejados, provocando associações positivas em relação ao produto.

As características intrínsecas são aquelas relacionadas à performance mecânica, como a dureza, a resistência térmica, a resistência ao impacto, entre outras. As características atribuídas são aquelas que passam a existir a partir do contato com o público. Portanto, são intangíveis, imateriais, pois são valores oriundos de uma percepção pessoal e cultural, de um determinado momento histórico e econômico.

As características intrínsecas podem ser analisadas e mensuradas segundo um padrão de medidas. Essas podem ser coletadas em laboratório e interpretadas cientificamente. As características intrínsecas envolvem as propriedades físicas (ponto de derretimento, densidade, índice de umidade, porosidade e textura da superfície); propriedades químicas (resistência à corrosão e dissolução); propriedades térmicas (condutividade térmica, resistência térmica); propriedades elétricas (condutividade e resistência a cargas elétricas); propriedades acústicas (reação ao som), e propriedades óticas (reação à luz) (Karana apud Lindbeck, 2008, p.2).

As classes dos materiais são divididas segundo as principais características intrínsecas apresentadas por cada grupo. As classes são: cerâmicos, metálicos, naturais, poliméricos e compósitos (Kunzler, 2003c, p. 28). A tabela 3.1 mostra a comparação de algumas características intrínsecas entre as classes dos cerâmicos, metálicos e poliméricos.

	Cerâmicos	Metálicos	Polímericos
Dureza	alta	média	baixa
Tenacidade	baixa	média	alta
Fragilidade	sim	não	não
Resistência ao Impacto	baixa	alta	alta
Ductilidade	baixa	média	alta
Condutividade Térmica	não	sim	não
Condutividade Elétrica	baixa	alta	baixa
Resistência à Corrosão	sim	não	sim
Resistência Térmica	alta	média	baixa
Combustível	não	não	sim

Tabela 3.1 Comparação entre materiais cerâmicos, metálicos e poliméricos em relação a algumas propriedades. Fonte: Kunzler, 2003c.

As características físico-químicas são bem conhecidas pelos engenheiros, arquitetos e designers. No entanto, o que nos interessa são as soluções encontradas para produzir diferentes superfícies ao aliar as diferentes potencialidades do material a uma técnica, de modo a realizar um projeto que corresponda às expectativas imateriais e funcionais do público.

3.1.2 Características intangíveis dos materiais

As características atribuídas ou intangíveis acontecem em dois momentos na relação com os usuários. No primeiro, eles interagem com o material por meio dos produtos, detentores de uma forma, função, uso e estética preestabelecida, e também interagem com os materiais em seu estado natural desassociados das interferências do design.

Os diferentes momentos perceptivos entre usuário e material resultam em experiências qualitativas que fornecem aos designers informações valiosas sobre qualidades imateriais dos materiais – *Intangible characteristics of materials (ICM)* (Karana, 2006), que não são possíveis de detectar em uma análise técnica na seleção de materiais.

As percepções de qualidade se agrupam segundo a cultura, o grupo social, a faixa etária e o gênero. São analisadas as impressões causadas de todo o conjunto do produto, qualidade material, adequação do propósito e qualidade técnica. Essas impressões também possuem, por sua vez, uma carga informacional imaterial. De acordo com Görz (2005), são os *saberes* (capítulo 2), descritores, indicadores, entendimentos, impressões aprendidas por meio da convivência sociocultural.

Muitas pesquisas e testes qualitativos estão sendo feitos na área de engenharia de seleção de materiais voltados especificamente para o design. Estudiosos buscam meios de codificar os resultados que são muitas vezes vagos, para que posteriormente possam chegar a campos de resultados comuns que afirmem que o uso de um material provoca tais sensações e evocam outras tais respostas emocionais em determinada cultural ou grupo social. Existem, no entanto, alguns sensos comuns, como por exemplo, o aspecto "moderno" (ICM), que pode ser encontrado nas características mensuráveis de superfície cinza, brilhosa e polida. Essas características comuns nos metais ganham uma perspectiva positiva quando aplicadas a produtos, superando o fato de o metal separado do produto possuir um desagradável toque gelado para certos públicos, por exemplo.

O que muitos dos estudos de seleção de materiais comprovaram é que os dados do ICM possuem mais valor no momento da escolha de produtos. As impressões ligadas à cultura e a experiências pessoais superam, na maioria das vezes, as características mensuráveis em laboratório (Ljungberg, 2003, p.1). A consideração dos índices de ICM são as primeiras medidas tomadas na fase inicial do desenvolvimento de um projeto em seleção de materiais (Karana, 2006, p.8), pois, com o material apropriado, o designer poderá antecipar ou resolver as questões referentes à percepção desse produto e possíveis adequações técnicas no decorrer do processo de maneira mais focada.

Logo, diante dos índices perceptivos recolhidos desse público de futuros usuários, os possíveis materiais são escolhidos e, segundo suas características imateriais, passam pela aprovação das exigências de serviço, das exigências de fabricação e da adequação às condições econômicas (Patton, 1968). Se as tecnologias disponíveis puderem tratar e manipular os materiais escolhidos de maneira a cumprir as exigências de uso e estética (serviço) e adequação às condições econômicas, o projeto se tornará viável tanto no caráter prático como no estético e funcional, aproximando-se ainda mais da realização do ideal do propósito do projeto.

Portanto, sob o viés industrial, entendemos que a dinâmica dos materiais transita entre as questões de caráter prático: viabilidade de uso, possibilidades de transformações, qualidades originais, adequação aos processos de fabricação e potencialidades intangíveis.

Assim como os requerimentos de significados imateriais, as exigências técnicas são essenciais para que um projeto se realize, pois é por meio da realização material que o conteúdo comunicativo e significante pode ser revelado. Não seria um projeto, uma expectativa de realização de um produto se não fosse efetivamente construído.

A combinação tensora entre os significados intangíveis, a matéria e a técnica permite que o produto comunique em toda sua forma e conceito sua função.

Seguindo essa tendência projetiva, o designer é desafiado a encontrar a melhor opção entre milhares de possibilidades combinatórias entre o seu propósito criador, os materiais e as técnicas disponíveis para a execução do projeto. No universo que tange às relações da técnica e do material existem muitas combinações que levam a resultados similares, às vezes com algumas alterações. Neste caso, o desempate fica com a opção técnica e material que, além de fornecer um resultado estético e mecânico satisfatório, tenha o benefício da economia fabril (Karana, 2008).

Com o intuito de cumprir essas exigências, o universo dos materiais mostra, de forma clara, a complexa relação entre invenção e inovação e que estas questões estão profundamente ligadas aos processos fabris (Manzini, 1993).

O mercado está constantemente exigindo "novos" materiais para suprir deficiências especificas de uma área, materiais que apresentem bons resultados e que facilitem um processo de fabricação mais sustentável a baixo custo de produção. Essa demanda impulsionou o rápido crescimento da variedade de materiais industriais. As qualidades ordinárias dos materiais, como ductibilidade, dureza e tenacidade, já não são suficientes. Atualmente, os novos materiais devem atender a uma enorme lista de requerimentos que sustentam as novas demandas dos consumidores, como: grãos da textura controlados, alta resistência a impacto, resistência à corrosão, propriedades elétricas e magnéticas (Patton, 1968, p.2), sem mencionar os índices de ICM, que podem variar segundo a percepção sensorial da qualidade de fabricação, o modo de aplicação, as estratégias de comunicação com público, entre outros fatores.

No que diz respeito aos materiais, para cada busca que possa concretizar um projeto são adicionadas à rede novas conexões e novas coerências entre os elementos da rede. Isto é, diante de uma gama de possibilidades de combinações entre esses universos, haverá alternativas mais coerentes para cada caso. Sob o aspecto dos materiais, a inovação pode ser resultado da justaposição ou fusão de materiais (blenda). Existem motivos mecânicos e estéticos que também levam as essas possibilidades. Tudo depende das prioridades estabelecidas no projeto.

E, como foi dito anteriormente, o "novo" não existe apenas na invenção de um material nunca visto, mas também nas novas relações propostas entre composição química, processos de fabricação, design e percepção e nas relações que serão estabelecidas com os consumidores.

Ao somar componentes de naturezas químicas diferentes, a interface entre os materiais da blenda ou da justaposição devem ter comportamentos similares. Deverá existir reciprocidade e coerência nas relações que envolvem a deformação elástica ou térmica, compatibilidade química (quando se trata de solventes) e coeficiente de superfície-tensão (capacidade de receber ou expelir tintura) (Manzini, 1993). Trata-se do fato de unir características com potenciais importantes de modo a alcançar um melhor desempenho mecânico e estético.

Os riscos de manusear levianamente uma superfície são conhecidos como resultados das forças mecânicas operantes: cisalhamento, momento fletor, força normal, assim como as questões químicas. Isso porque a manipulação da superfície, seja em qualquer nível ou propriedade, interfere na materialidade original. Os designers devem considerar não só o desempenho produtivo de um material, mas também seu desempenho pós-produção, quando forem disponibilizados para o público.

Além dos comportamentos mecânicos e químicos do material, existem os resultados de caráter estético, que também podem interferir na condição mecânica do produto, além da percepção estética e qualitativa do usuário.

A empresa Oxo, por exemplo, produz utilitários de cozinha e de banheiros, buscando sempre atender a um desenho universal, que seja ergonômico, seguro e de fácil uso para todos os seus usuários, desde crianças até idosos. Para tanto, a empresa tem como "marca registrada" utensílios com um emborrachado texturizado nas áreas de manuseio, que conferem segurança no uso dos utensílios além de possuir um toque agradável.

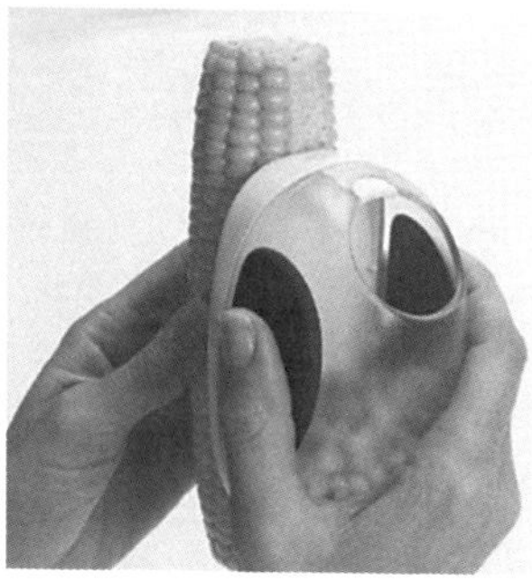

Figura 3.1 Debulhador de milho e abridor de garrafas Oxo. Fonte: www.oxo.com, 2009.

Neste caso, se a textura aplicada ao emborrachado fosse muito sutil ou se o material da borracha possuísse qualidades mais lisas do que aderentes, o desempenho mecânico seria comprometido, inviabilizando o uso do produto e não cumpriria o propósito do projeto.

Qualquer que seja o recurso tátil, este poderá trazer consequências mecânicas e químicas. O inverso também é verdadeiro. É claro que, em um projeto de design, estas questões são consideradas e, diante dos resultados, medidas são tomadas. Além da compatibilidade entre matéria e técnica de produção, é preciso estar atento ao próprio resultado estético, mecânico e químico. Mesmo visando à exploração da superfície, o design de superfície tem efeitos que se propagam por toda materialidade do produto, podendo comprometer sua usabilidade em seu sentido amplo.

3.2 A superfície dos materiais: a textura no design de superfície

> Todo processo comunicativo tem suas raízes em uma demarcação espacial chamada corpo. O que se denomina "comunicação" nada mais é que a ponte entre dois espaços distintos (Baitello Jr. Apud Marinho, 2004, p.23)

As superfícies possuem íntima relação com o ambiente e os usuários que as circundam. Elas absorvem, de diferentes maneiras, as marcas dessas relações. Isto é, seja no momento em que são fabricadas ou até mesmo em uso, continuam se modificando, segundo as exigências que lhes são impostas. Desde o momento da fabricação, em que a superfície depende da qualidade do molde, por exemplo, se é feito de gesso ou de metal, se possui ranhuras e escapes, tipo de injeção, etc., todas essas informações aparecem na superfície do produto. E mesmo no caso das impressões, o cilindro ou tela (*silk screen*) devem estar limpos para que a tinta passe com facilidade, assim como o espaçamento das tramas da tela e os diâmetros dos poros do cilindro interferem na quantidade de tinta que é transferida para a superfície.

Atualmente, com o auxílio da tecnologia, é possível prever com mais acuidade os resultados estéticos da superfície, ponderando os diversos fatores que podem interferir no resultado. A princípio, o uso da textura na indústria possui um propósito técnico, de cobrir imperfeições do processo de injeção e junção de peças. No entanto, com um estudo dirigido, é possível prever o comportamento da textura na superfície. Por meio de softwares de modelagem e prototipagem rápida, o designer pode visualizar virtualmente os níveis de rugosidade, as combinações de cores, etc., e analisar melhor as possibilidades; E depois testá-los no protótipo, permitindo que ajustes sejam feitos antes que se inicie a linha de produção, evitando, assim, prejuízos.

Além de possibilitar melhor acabamento e resistência física dos produtos, as texturas podem aumentar o valor percebido de qualidade. Os produtos que possuem características inovadoras também possuem maior potencial competitivo no mercado, diferenciando-se dos demais. A indústria automotiva pode ser considerada uma grande desbravadora nesta área com o departamento de *color and trim*, que se dedica a pesquisas de tendências de moda e comportamento para a aplicação das texturas, das cores, dos materiais e dos grafismos no interior e no exterior do automóvel.

Cada material possui suas características orgânicas segundo sua composição física e química, influenciando diretamente nas qualidades táteis que poderão ser exploradas em suas superfícies. É um desafio encontrar a medida correta entre o que se busca como propósito e o que é possível fazer em relação aos materiais e técnicas disponíveis na realidade do mercado.

A percepção tátil é capaz de formar mapas de imagens sensoriais que, por sua vez, geram qualitativos, denominados descritores.

Segundo Kunzler (2003b), as variáveis mais relevantes relacionadas à percepção do tato em objetos industriais são: a temperatura, a dureza e a textura do material. As outras variáveis consideradas em seu estudo foram: forma, material, peso, ergonomia e utilidade (Kunzler, 2003b, p.4).

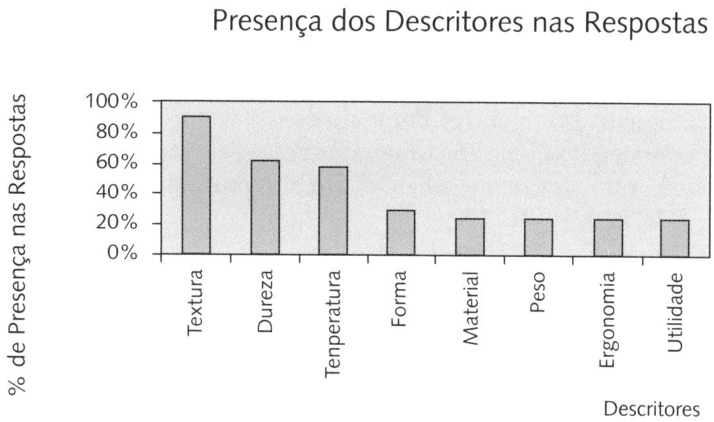

Tabela 3.2 Gráfico da porcentagem de descritores citados no questionário aplicado aos entrevistados.
Fonte: Kunzler, 2003b.

Uma das funções do sentido do tato é identificar temperatura do ambiente e objetos ao redor, primeiramente por uma questão de proteção. Uma panela no fogo certamente possui uma temperatura mais elevada do que o corpo humano pode suportar. Por isso, cabe ao sentido do tato perceber as diferentes temperaturas e alertar o corpo. A transferência de calor é a energia em trânsito devido a uma diferença de temperatura que também pode ser utilizada no intuito de prover conforto por meio do calor ou sensação de frescor.

Já o descritor da dureza dos materiais é uma propriedade relacionada com a resistência e a durabilidade de um produto. A dureza é definida pela resistência da superfície do material à penetração de outro material mais duro (Kunzler, 2003b).

De acordo com a tabela acima, podemos observar que a textura é o fator mais citado na pesquisa. Isso mostra que, de fato, a relação tátil é relevante para o consumidor. A textura pode ser uma qualidade atribuída ou intrínseca do material. As texturas produzidas devem ser compatíveis com as outras características apresentadas pelo material, em termos de temperatura, textura natural e dureza. Da mesma forma, a textura deve ser coerente com a forma do produto, acompanhar as curvas, relevos e declives, fazendo com que a textura percorra o volume do objeto, sem danificar sua forma, movimento, continuidade ou padrão de repetição.

Existem muitos benefícios que podem ser agregados a um produto por meio da textura. Como exemplo, temos o projeto de sinalização inclusivo, que permite que as pessoas com deficiências visuais possam se locomover com maior facilidade em ambientes públicos. Por meio do uso de um código tátil, a pessoa poderá identificar: uma indicação de parada (1), uma indicação para seguir adiante (2) e um cruzamento (3) (Andrade, 2007).

Figura 3.2 Projeto de sinalização tátil: piso alerta (1), piso guia (2), piso decisão (3). Fonte: Andrade, 2007.

1. Piso Alerta: tem por função alertar os usuários sobre a presença de perigos iminentes como obstáculos suspensos; rebaixamentos de calçadas; presença de trânsito veicular; início e término de escadas fixas, escadas rolantes e rampas; junto às portas dos elevadores e junto a desníveis, tais como plataformas de embarque e desembarque, palcos, vãos, entre outros.

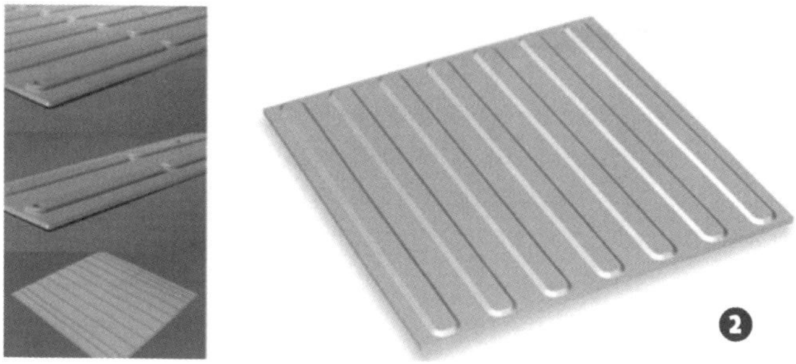

2. **Piso Guia:** também chamado de piso tátil direcional, tem a função de orientar o deslocamento dos usuários ao longo de áreas de circulação livres de obstáculos, indicando caminhos preferenciais a serem percorridos em locais onde não podem obter outras referências de orientação. Também é indicado em avenidas amplas e travessias, aeroportos e terminais urbanos de transporte (rodoviária e metrô).

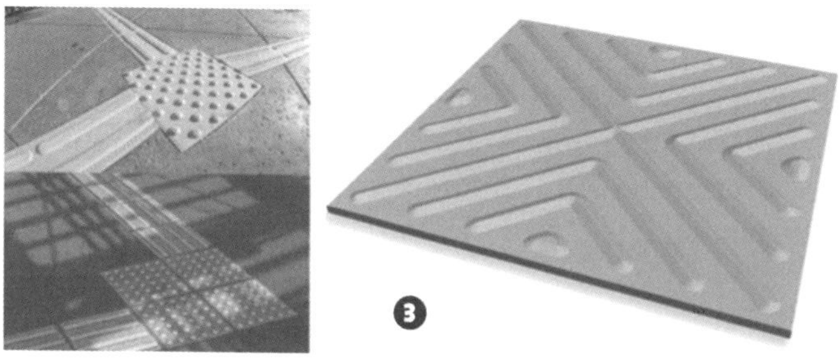

3. **Piso Decisão:** instalado sempre associado ao percurso do piso guia ou tátil direcional, tem a função de informar ao usuário sobre a presença de pontos de tomada de decisão relativas a mudanças de direção de escolha de novas rotas.

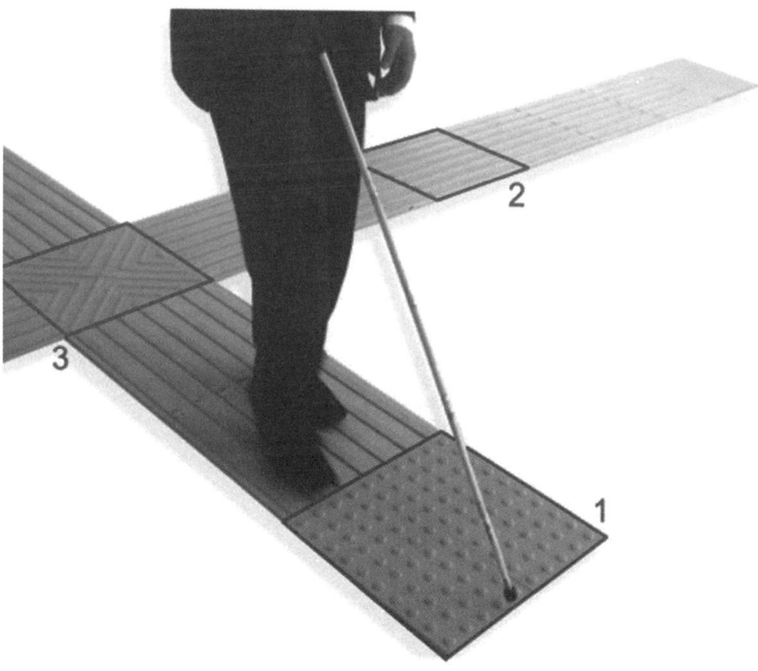

A textura, por mais sutil que possa parecer, possui rugosidades, isto é, conjuntos de irregularidade, saliências e reentrâncias que existem em todas as superfícies.

Como a textura da folha de lótus que, a olho nu, parece extremamente lisa, mas, sob um olhar microscópico, nota-se uma combinação de nano e microestrutura que conferem à superfície um caráter áspero que para o tato humano é suave, porém é capaz de repelir as gotículas de água e outros resíduos de sua superfície. Essa propriedade autolimpante acontece graças à disposição das estruturas da rugosidade da folha, o que lhe confere a qualidade serosa. A combinação química com as microestruturas de aderência é denominada de *Lotus Effect*.

Muitos estudos estão sendo feitos para aplicar as tecnologias encontradas na natureza em produtos industriais a fim de agregar novas características nos produtos que conhecemos, como roupas impermeáveis ou capazes de alterar sua temperatura. A durabilidade de um produto, por exemplo, os fatores, como o desgaste de um produto devido ao uso ou a intempéries, são características muito pesquisadas e podem ser alteradas por meio do tratamento da superfície do material, atenuando esse processo e preservando as características físicas e estéticas da superfície do objeto. No processo inverso, também é possível desenvolver mecanismos que facilitem o processo de decomposição.

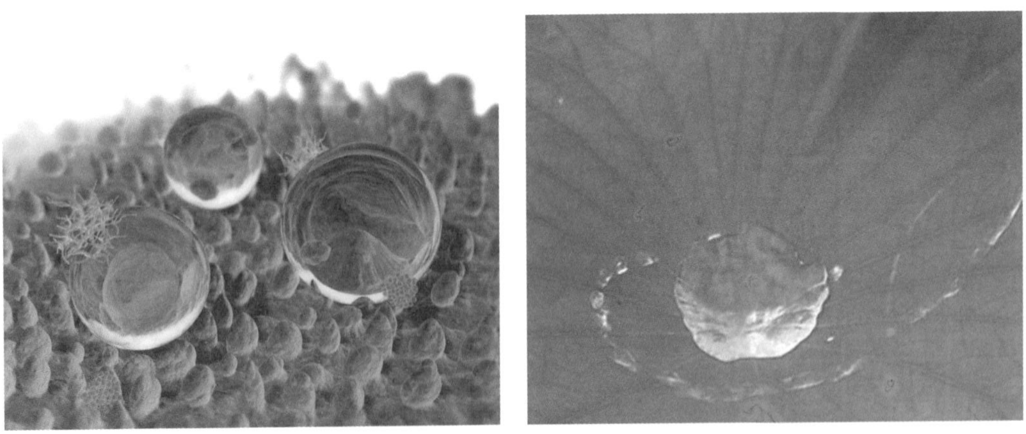

Figura 3.3 Rugosidades da folha de lótus por William Thielicke
Fonte: w.th@gmx.de, 2008.

O *Lotus Effect* é um perfeito exemplo de que é possível encontrar conexão entre estética e mecânica a fim de agregar ao produto novas potencialidades. A estimulação tátil dos sentidos atrelada à função fortalece a identificação de caráter emocional que faz com que o usuário se atenha ao produto por mais tempo, estendendo seu tempo de uso.

3.3. Movimentos tradutórios na busca pela textura

Sob o ponto de vista representacional, a superfície é entendida como volume geométrico, um percentual de ocupação física de um inteiro, parte constituinte de um corpo. Neste caso, estamos falando da abordagem dos recursos criativos de expressão de caráter técnico (representação geométrica) e artístico que, por natureza, são desenvolvidos bidimensionalmente.

Para poder representar um objeto em sua totalidade técnica (vistas, cortes, medidas) há recursos e convenções que estabelecem um padrão de representação geométrica para qualquer volume, permitindo que pessoas capacitadas na linguagem técnica executem uma leitura correta. No caso da expressão artística, conhecida no ambiente do design como desenho à mão livre ou ilustração, não exigem uma leitura técnica específica e visam à expressão do conceito do projeto, sem se ater a características técnicas.

Neste momento, estamos falando da relação da representação da superfície no meio técnico. Porém, em uma perspectiva mais ampla, estamos falando de qualquer tipo de recurso encontrado pelo homem para transpor o conceito buscado para o objeto em construção, de modo a preencher a lacuna entre o que se percebe ou o que se imagina e como representá-los. Existem muitos meios de fazê-lo, através da escrita, de desenhos, de modelos tridimensionais e de outros muitos. Deste modo, seja qual for a natureza dessa representação, no que diz respeito à crítica de processos de criação, são registros de processo, um movimento tradutório das sensações, ideias e pensamentos que tentam se fixar por meio de traços, de esboços, de modelos e de anotações e não necessariamente seguem a mesma linguagem na qual o produto se realizará.

> "Trata-se, portanto, de um movimento de tradução intersemiótica, que, aqui, significa conversões, ocorridas ao longo do percurso criador, de uma linguagem para outra: percepção

visual" e também tátil "se transforma em palavras; palavras surgem como diagramas, para depois voltarem a ser palavras[...]" (Salles 2001, p.115).

O fato é que percebemos o mundo de maneira tridimensional, não apenas por meio da visão que nos mostra as diferenças de profundidade e de perspectiva, mas porque somos munidos de cinco sentidos, todos dedicados a apreender sensações extremamente diversificadas, provenientes do ambiente externo. Portanto, o intento de traduzir todas as dimensões perceptivas é contaminado por inúmeras mediações (de origem interna ou externa). Elas nunca serão precisas, claras, definidas em relação ao propósito idealizado e, muito menos, definitivas, porque sempre estarão em contínuo processo de semiose.

Esse deslocamento perceptivo possui suas implicações na tradução entre a ideia e o registro da ideia. Ao buscar uma representação para as curvas, as diferentes profundidades, as espessuras, os ângulos de visão, a posição no espaço, todos os pontos de referência para expressar a ideia passam por inúmeras mediações até alcançarem a solução gráfica mais próxima do ideal imaginado. Atualmente, para o benefício dos designers existem softwares capazes de executar modelos tridimensionais a partir de diretrizes nos eixos x-y-z. Facilitando a representação e a visualização, essa ferramenta permite que o designer tenha acesso a diversos ângulos de observação do objeto no espaço.

A partir da leitura desses registros, em especial dos técnicos, é possível, então, encontrar instrumentos para que, a partir destes índices, se possa, por meio de uma outra tradução, construir um volume. Neste processo, existem também muitas inferências e mediações que impõem outras restrições e invocam novas alternativas. Em outras palavras, a técnica, com significado de tecnologia de produção, ferramentas, maquinário, meios de execução, também possui restrições de disponibilidade, de uso, de precisão, de tempo e de custo de produção, como veremos mais adiante.

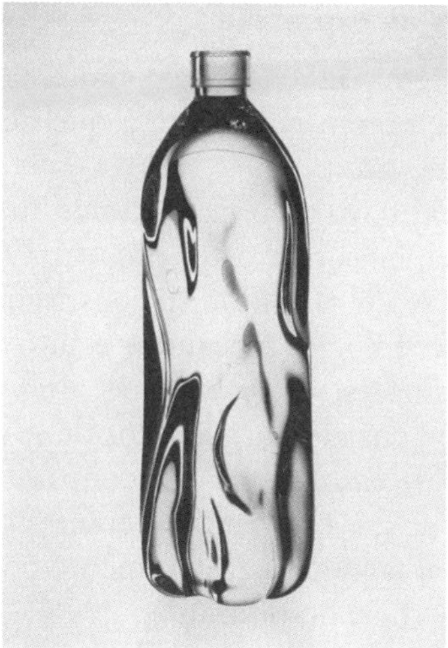

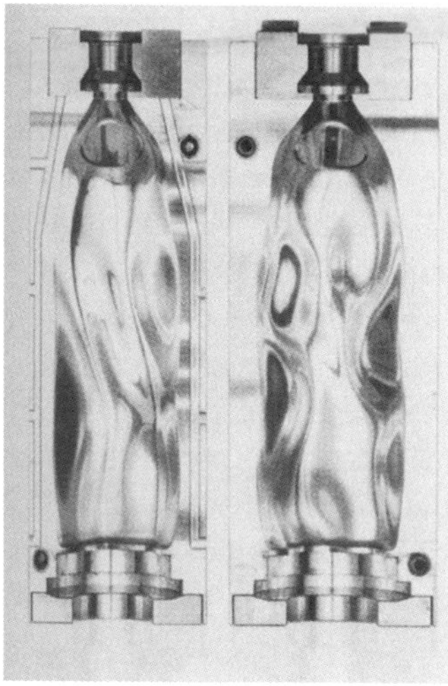

Figura 3.4 Garrafa de água Ty *Nant waterbottle*.
Fonte: Kosak, 2005.

1. Para exemplificar a transposição das ideias para o papel, a garrafa de água Ty Nant é um produto de alta complexidade geométrica devido aos seus inúmeros sulcos de profundidades variadas. Isso pede alta precisão tanto no desenho técnico como no procedimento fabril do molde, onde o composto plástico no estado líquido/pastoso é injetado.

2. A intensidade da cor e espessura das linhas indicam as diferentes profundidades dos sulcos e formas dos relevos da garrafa.

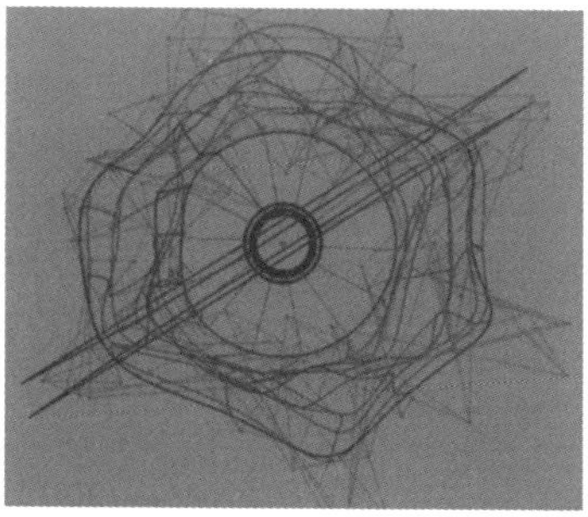

3. Desenho técnico: vista superior

3.4. Recursos criativos: técnicas de expressão

O design de superfície tem o sistema de repetição como uma característica, não determinante, porém recorrente e que de certa forma é significativo na área.

Segundo Renata Rubim (2009), para se fazer design de superfície é preciso existir um pensamento de projeto. O *rapport*[9] não é o único meio de se cobrir ou de se constituir uma superfície. No entanto, as tecnologias mecânicas e automatizadas de produção em grande escala disponíveis ainda exigem um projeto de superfície pensado em módulos de repetição (Rüthschilling, 2002, p. 40), em especial nas indústrias mais tradicionais como a têxtil e nos revestimentos (cerâmicas e cimentícios), principalmente por facilitar o deslocamento do projeto de superfície sobre a superfície do produto.

Os padrões contínuos são uma das soluções mais antigas de expressão "produção de rítimos ou a representação regular de sinais" (Manzini, 1993, p. 206) para decorar, revestir e construir superfícies. É o resultado dos encontros entre os pontos coincidentes do motivo, quando deslocados em intervalos regulares, na medida em que estampam a superfície.

O surgimento das matrizes, há cerca de 2 mil anos (Pezzolo, 2008, p. 184), deu-se a princípio com medição do espaço entre os motivos com carimbos ou com as mãos, posteriormente com pedaços de madeira e, assim, do próprio sistema de matrizes vieram os carimbos. Eram feitos de diversos materiais como argila, madeira e metal. Tomemos como exemplo o método de repetição linear dos tecidos. O módulo se desloca, encaixando os pontos de encontro do motivo, a fim de ocupar toda a extensão do tecido, sem que seja necessário fabricar uma matriz com dimensões diferentes para cada medida de tecido. Esse é o princípio do pensamento modular têxtil, ainda muito influente nos projetos atuais, como verificaremos nas imagens que seguem. Em algumas pode-se notar a existência de unidade básica, deixando evidente o módulo, ou a proposição de novas relações gráficas por meio do deslocamento do módulo. A Figura 3.5 sugere algumas possibilidades de repetição. De acordo com a imagem, temos dois tipos de sistemas: sistema alinhado e

9 Palestra – Design Fórum de Superfícies, São Paulo, 21 de Maio de 2009. *"A noção de 'repetição', no contexto de Design de Superfície, é a colocação dos módulos nos dois sentidos, comprimento e largura, de modo contínuo, sem originar cortes ou interrupções visuais no padrão gerado". O termo advém de "repeat, em inglês, e rapport em francês."* (www.nds.ufrgs.br)

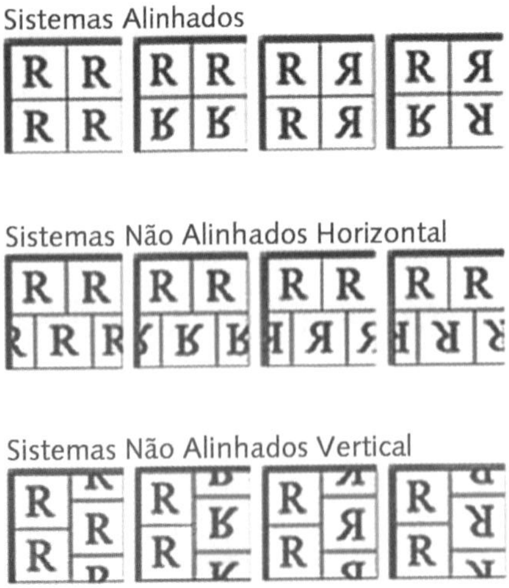

Figura 3.5 Sistemas de Repetição.
Fonte: www.nds.ufrs.br, 2008.

Figura 3.6 Trabalho com módulo em sistemas variados de repetição. Fonte: heloisacrocco.com.br, 2008.

sistema não alinhado. Sistema alinhado é quando as unidades são posicionadas lado a lado e umas sobre as outras, seguindo uma grade com linhas horizontais e verticais. O sistema não alinhado acontece quando se mantém um alinhamento (vertical ou horizontal) e muda o outro, alterando o ângulo ou espaçamento.

Com este recurso, superfícies de grandes formatos podem ser cobertas com maior facilidade. Como exemplo, temos os revestimentos em geral. Os azulejos portugueses são mundialmente conhecidos pela beleza de sua composição artística. O módulo, como mostra a imagem, está restrito ao meio de aplicação, ou seja, aos quadrados dos azulejos e não no desenho do motivo. Cada azulejo possui um desenho diferente, para que em seu total se veja a composição da cena. Como em um quebra-cabeça, cada peça é responsável por uma parte única da imagem total.

Figura 3.7 Fachada de azulejo – Igreja do Carmo na cidade do Porto, Portugal. Fonte: arquivo pessoal da autora, 2010.

Figura 3.8 Ladrilhos hidráulicos. Centro Nacional de Folclore e Cultura Popular – IPHAN, Ministério da Cultura. Acervo Biblioteca Amadeu Amaral.

Nestes casos (figuras 3.8 e 3.9), os módulos possuem o mesmo motivo, cada padrão de repetição produz um efeito visual específico e, ao final, podemos encontrar um resultado estético totalmente diferente do presente na unidade modular.

Figura 3.9 Detalhe de casa com fachada azulejada nas cidades do Porto, Lisboa, Portugal.
Fonte: arquivo pessoal da autora, 2010.

Figura 3.10 Origami Kitchen, Egypt, 2007.
Fonte: www.karimrashid.com, 2009.

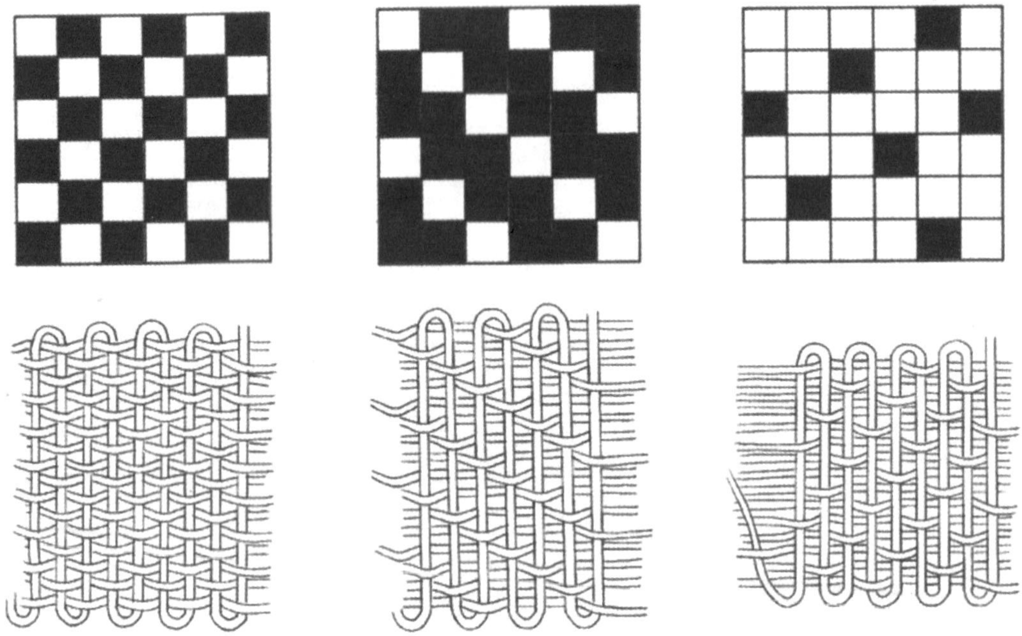

Figura 3.11 Esquemas e desenhos da trama tafetá, da sarja e do cetim respectivamente.
Desenhos: Dinah Bueno Pezzolo.
Fonte: Pezzolo, 2009.

A construção de uma superfície, como no caso da tecelagem, é feita também a partir de um padrão de repetição. Trançando a trama e o urdume, segundo um determinado padrão de repetição, define-se a estrutura do tecido. A tecelagem pode ser feita de muitas maneiras, a partir de três ligamentos ou ordens básicas: ligamento tafetá, ligamento sarja, ligamento cetim, como mostra a imagem (Pezzolo, 2007, p. 153).

A busca por ritmo através dos padrões de repetição, aliada à versatilidade modular de aplicação, é, além de um recurso técnico, devido às questões práticas e técnicas, um recurso criativo de expressão. Por exemplo, a aparência da tessitura dos tecidos é também explorada em outras áreas como recurso gráfico e tátil.

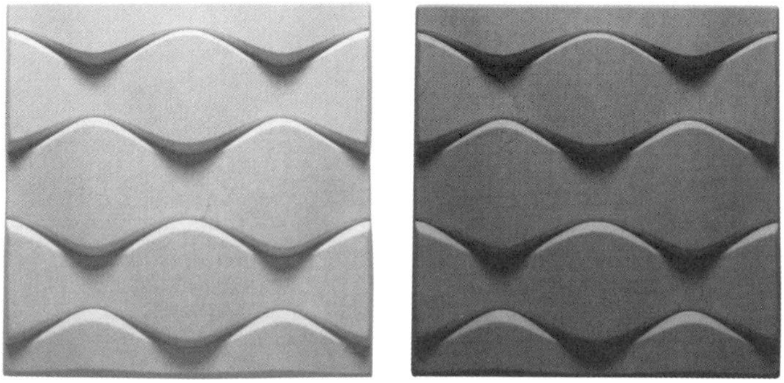

Figura 3.12 Offecct, Sweden – *Flo Soundwave Panel*, 2007. Fonte: www.karimrashid.com, 2009. Essas peças de revestimento com forro acústico fazem referência à maleabilidade dos tecidos com os motivos ondulares em alto relevo.

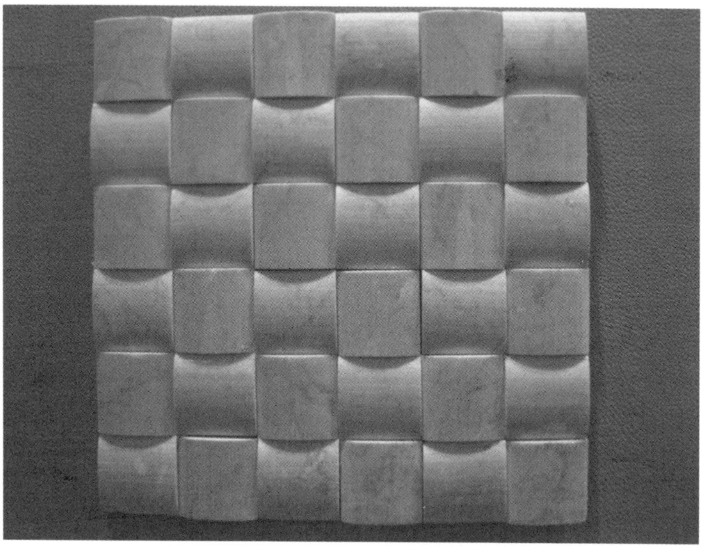

Figura 3.13 Peça de revestimento cerâmico. Officina delle Pietre, Revestir, 2009.
Fonte: arquivo pessoal da autora, 2009.
O revestimento possui módulo de formato retangular, porém com uma curvatura convexa na face frontal, provocando a sensação de trançado como da trama e urdume.

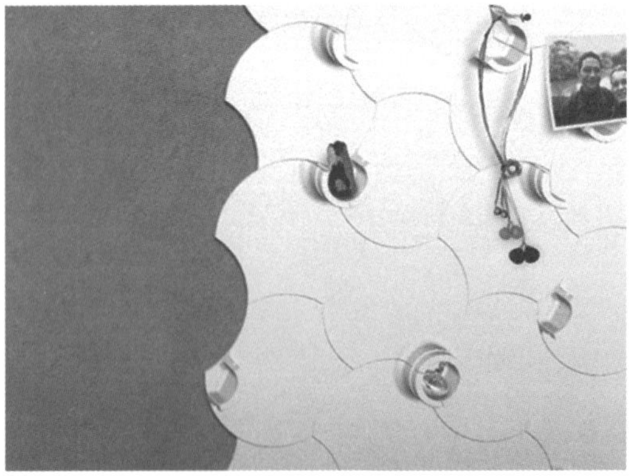

Figura 3.14 *Enshrinement Tile* – revestimento multiuso tridimensional.
Fonte: www. chriskirbydesign.com, 2009.

É até mesmo por propor diferentes usos, como mostra o revestimento (Fig. 3.14), que, ao colocar as peças em repetição, é possível criar nichos, prateleiras e ganchos de acordo com a necessidade do usuário. Ao observar o módulo separado de seu contexto de apresentação, temos a impressão de se tratar de dois projetos distintos, porém é justamente essa a mágica dos módulos, criar algo totalmente inusitado a partir de uma única unidade.

Na feira especializada no ramo, Revestir São Paulo (2009), as empresas apresentaram novas soluções de acordo das tecnologias disponíveis. Algumas peças romperam com os padrões de tamanhos e foram oferecidos módulos com medidas inusitadas (por volta de 50x50cm) e no modo de fixação na parede que não fica aparente no momento do assentamento.

Figura 3.15 *Acoustic Tile* – revestimento acústico tridimensional.
Fonte: www. chriskirbydesign.com, 2009.

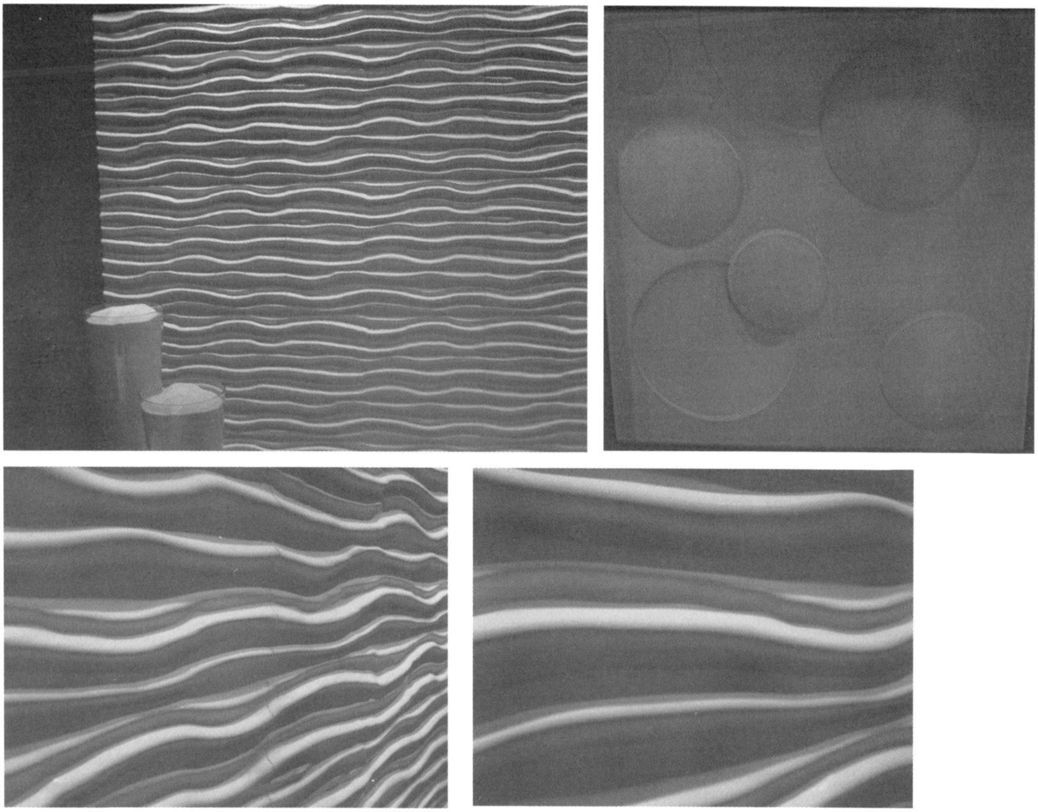

Figura 3.16 Revestimento cerâmico Castelatto, Revestir 2009.

Fonte: arquivo pessoal da autora, 2009. A textura em forma de ondas horizontais se encaixa perfeitamente, dando a impressão de que a cobertura é feita com uma única peça de revestimento.

Figura 3.17 Revestimento cerâmico Revelux, Revestir 2009.

Fonte: arquivo pessoal da autora, 2009. O novo revestimento apresentado pela Revelux segue a padronagem clássica, onde se pode notar com clareza o único ponto de continuidade entre os desenhos. Este revestimento possui uma cobertura com aditivos fotossensíveis que refletem a luz do ambiente.

Figura 3.18 Revestimento cerâmico Mazza Cerâmicas, Revestir, 2009.
Fonte: arquivo pessoal da autora, 2009.

3.5 O módulo

A criação do módulo, por sua vez, consiste em desenvolver os motivos (grafismos, texturas e cores) dentro de uma área com medidas de comprimento e largura predeterminadas. As referências dos motivos são diversas: geométricas, florais, relevos, entre outros. O motivo pode conter apenas uma figura e pode também ser formado por uma composição de vários elementos.

O significado da palavra módulo indica o objetivo deste em ajustar-se e reunir-se a outras unidades análogas de modo a formar um todo homogêneo e funcional. O módulo detém em sua constituição genuína a carga informacional mínima do conteúdo expressivo (motivos) e também detém em si os limites geométricos, a dimensão, a organização e a estrutura em relação à superfície (Schwartz, 2008, p. 60). As medidas do módulo são específicas para cada projeto e dependem do processo de produção que será utilizado e também do tamanho do motivo que se deseja representar no *rapport*. Os módulos são normalmente retangulares, resquícios da tradição têxtil, onde se media seu tamanho a partir do comprimento e da largura do tecido a ser estampado.

O módulo também pode ser feito em outros formatos. Deve-se contar apenas com os limites da unidade escolhida. Se não há encaixes perfeitos no sistema, ele tende a acumular espaços vazios (nas partes de encontros dos vértices), o que pode representar um problema no produto final, caso não seja

Figura 3.19 Empresa de Tratamento de Água em Den Haag, Holanda. *Relief after M.C. Escher.* Fonte: http://commons.wikimedia.org/wiki/File:Denhaag_relief_houtrustweg2.jpg

essa a intenção. Nas ilustrações (Fig. 3.19) de M.C. Escher, sistemas de divisão regular do plano, podemos notar os encontros dos vértices entre as diferentes possibilidades de repetição modular. A busca através da geometria mostra diferentes caminhos para a divisão regular do plano que, por sua vez, propõe novas possibilidades de desenhos, de malhas e módulos para a ocupação da extensão da superfície.

Também podemos notar no revestimento abaixo um módulo que possui um formato que explora na própria forma a relação de quatro cantos, muito comum no setor cerâmico e revestimentos.

A forma do módulo determina seu tipo de ocupação em uma superfície, de modo que, se deseja *revestir* ou *constituir* uma superfície de maneira a respeitar ou criar novas curvaturas e relevos, é preciso projetá-la geometricamente por meio de um mapeamento topológico do corpo em questão. Esses mapeamentos são denominados malhas. Existem dois tipos de malha: as aleatórias e as repetitivas. A primeira não segue regras de formação, ao contrário da segunda, que possui comportamento previsível, como exemplifica a Tabela 3.3 (Schwartz, 2008, p. 81).

A presença de uma malha que auxilia os sistemas de repetição e de outros recursos de exploração da superfície, na medida em que, ao mapear essa superfície, é possível prever as deformações que podem ocorrer nessas intervenções devido

Tipos de Malhas	Exemplos	Descrição
REGULAR	Triangular	É a mais densa de todas, possuindo maior número de vértices em uma mesma área. É necessária a utilização de mais módulos para estruturar uma mesma área em comparação com as demais malhas. Apresenta concentração de informação visual e estrutural em um menor espaço, fazendo com que descreva qualquer formato de Superfície com mais precisão.
	Quadrangular	É a que o homem mais utiliza. O quadrado não é muito estável, facilmente se deforma em um paralelogramo. Facilita a visualização de uma superfície em escala e unidades mensuráveis.
	Hexagonal	É a que mais facilmente se adapta as formas curvas planas ou espaciais, mas numa única direção. É menos estável que a quadrangular, mas quase tão rígida quanto a triangular, só que menos densa. É necessária a utilização de menos módulos para estruturar uma mesma área em comparação com as demais malhas, significando otimização.
SEMI-REGULAR	Simples	Fomada por combinações de mais de um tipo de polígonos regulares em torno de um mesmo tipo de nó.
	Duplas	Fomada por combinações de mais de um tipo de polígonos regulares em torno de dois tipos diferentes de nó.
	Triplas	Fomada por combinações de mais de um tipo de polígonos regulares em torno de três tipos diferentes de nó.
DUAL	da Triangular	Corresponde à malha hexagonal.
	da Quadrada	Corresponde à própria malha quadrangular.
	da Hexagonal	Corresponde à malha triangular.
	da Semi-regular Simples	Tem por nós os centros dos polígonos definidos pelas malhas semi-regulares simples.
	da Semi-regular Duplas	Tem por nós os centros dos polígonos definidos pelas malhas semi-regulares duplas.
	da Semi-regular Triplas	Tem por nós os centros dos polígonos definidos pelas malhas semi-regulares triplas.
DEFORMADA		São as malhas resultantes das deformações de uma malha plana regular, semi-regular ou dual nas suas direções constituintes. Tem relação direta com a Equivalência de Área.
DINÉRGICA		São as malhas estruturadas a partir de **padrões dinérgicos**, consistindo na Geometria do crescimento orgânico da Natureza. Esta maneira de organização – que alia **ESTRUTURA, FUNÇÃO e FORMA** – encontra-se praticamente em todo o ambiente natural e em muito do que o homem produz.

Tabela 3.3 Tipos de malha. Fonte: Schwartz, 2008.

às irregularidades das superfícies (volume, relevos, declives, fissuras, etc.).

No caso das malhas repetitivas, algumas questões são essenciais para que o efeito gráfico ou tátil buscado seja efetivamente transmitido ao usuário. A fluidez e a continuidade da repetição são conseguidas a partir do encaixe dos módulos em todas as direções e dos encontros de extremidades dos motivos entre um módulo e outro. Isso para que, quando se iniciar o sistema de *rapport* (repetição dos módulos), os módulos formem a composição desejada na adjacência dos pontos de encontro, mantendo a contiguidade do motivo (www.nds.ufrgs.br, 2008). O entendimento dessas exigências técnicas permite também subvertê-las, de acordo com a leitura e a intenção perceptiva que se deseja transmitir.

> "[...] uma superfície decorada implica fronteiras infinitas e contém em cada uma das suas partes mais pequenas o somatório da informação de todo o sistema, já que contém o sinal individual que é depois repetido *ad infinitum*." (Andréa Branzi apud Manzini, 1993, p. 206)

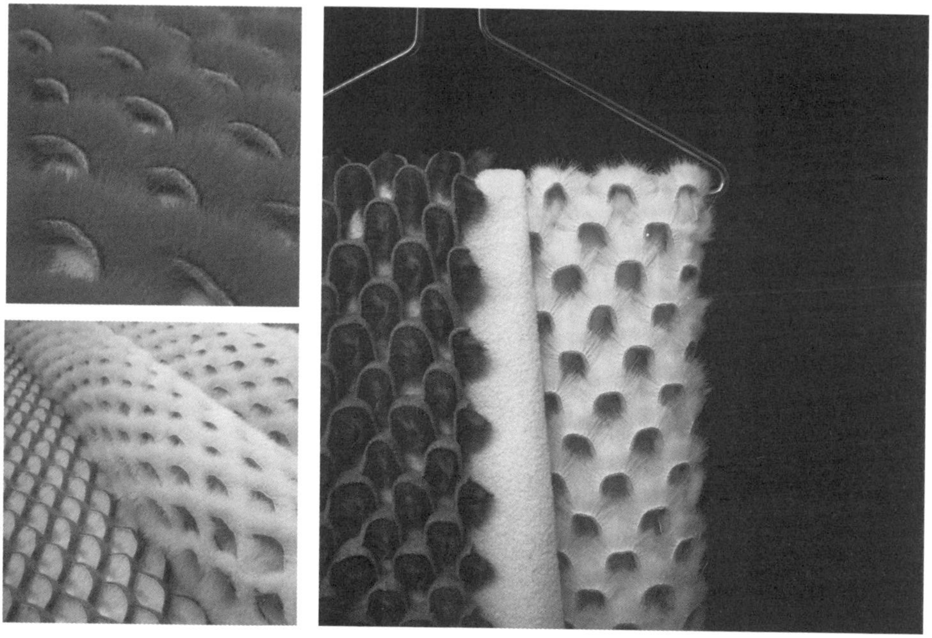

Figura 3.20 Tecido Furore Lama Concept. Fonte: www.lamaconcept.nl, 2008. O tecido explora a repetição do módulo em três dimensões.

O contínuo perfeito para Peirce é uma relação (aplicação) que torna as partes indiscerníveis. Portanto, cada parte, que possui os mesmos caracteres (homeomorfos), terá subpartes que, por sua vez, pertencem a uma parte do todo. Essa divisão equivalente se constitui o contínuo perfeito. "[...] a continuidade é pois uma espécie de gênero da generalidade, ou conformidade a uma ideia. Mais especificamente, é uma homogeneidade ou generalidade entre todas as partes de certo tipo presente num todo" (Rosa, 2003, p. 254).

No entanto, se existir algum tipo de obstáculo/*gap* que desarmonize o sistema do repetição, a continuidade é interrompida, afetando a percepção do todo. Tecnicamente, esse obstáculo pode ser resultado de uma falha durante a produção, como o deslocamento da superfície ou da máquina ou até mesmo um efeito desejado pelo designer.

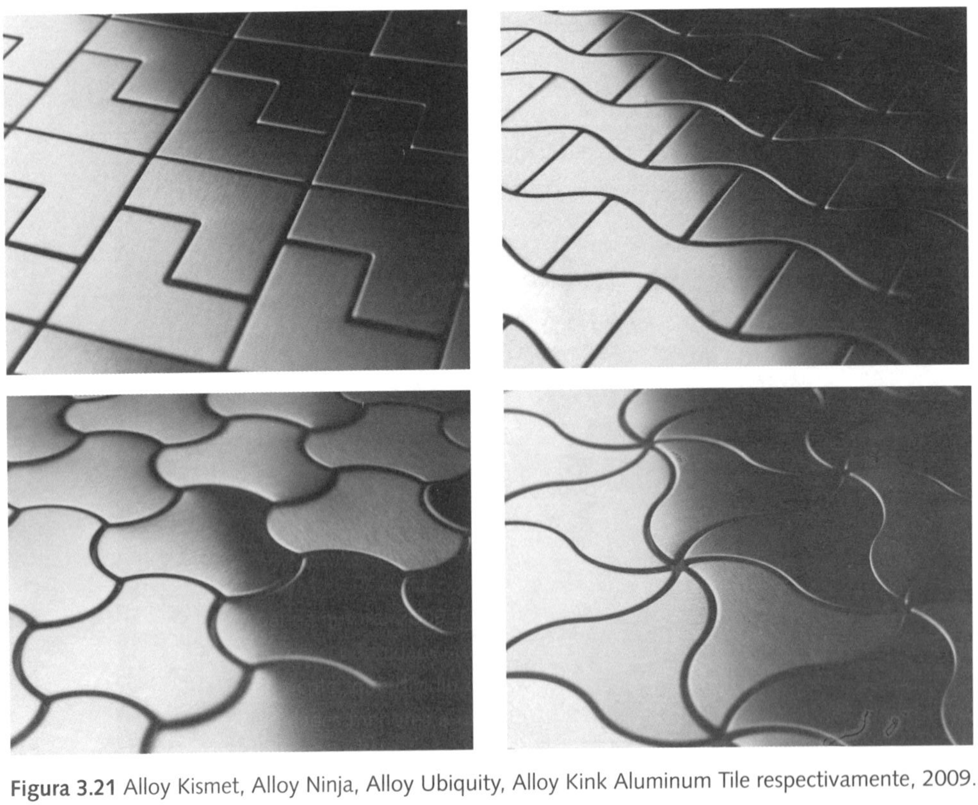

Figura 3.21 Alloy Kismet, Alloy Ninja, Alloy Ubiquity, Alloy Kink Aluminum Tile respectivamente, 2009. Fonte: www.karimrashid.com, 2009.

Figura 3.22 Revestimento cerâmico Palácio do Itamaraty.
Fonte: www.fundathos.org.br, 2009.

Athos Bulcão criava os grafismos dos azulejos e deixava que fossem livremente assentados, formando ao final desenhos completamente inesperados. Esse recurso era utilizado como meio intencional de criação, portanto faz parte de seu processo criativo individual. Neste padrão existe um único módulo, aplicado em um sistema de repetição irregular.

Figura 3.23 Revestimento cerâmico Lepri, Revestir, 2009.
Fonte: arquivo pessoal da autora, 2009. O mesmo jogo com a descontinuidade foi utilizado neste revestimento, que dividiu o módulo em outras unidades menores e os assentou aleatoriamente, dando a impressão de ser uma superfície recoberta por partes de diferentes peças.

Figura 3.24 *Paper Flow* – revestimento tridimensional de papel reciclado Fonte: www.mioculture.com, 2009.

As imagens do papel de parede reciclável sugerem possíveis meios de aplicação dos módulos sobre uma superfície.

3.6 Procedimentos técnicos de fabricação para trabalhar as superfícies

Como vimos, os sistemas de repetição são meios de expressão e recursos técnicos para se conseguir efeitos estéticos, tanto em aplicações bidimensionais como em construções de superfícies tridimensionais. Existem muitos procedimentos técnicos em que se pode conseguir um recurso tátil (alto-relevo, baixo-relevo, recortes, corrosão, adição de outros materiais, etc.).

Para discutir os inúmeros meios técnicos de execução nos quais se pode trabalhar a superfície nos estenderíamos infinitamente. É por este motivo que selecionamos a classe dos poliméricos como exemplo geral de matéria-prima e fizemos um recorte de algumas das técnicas de fabricação mais conhecidas, que abarcam as intervenções de impressão e de construção da superfície, para discutir a questão da exploração tátil da superfície.

A classe dos poliméricos é a classe de materiais mais utilizada na atualidade. São encontrados em todo tipo de produto, desde peças pré-moldadas para a construção civil, automóveis (interior e exterior), roupas e até as cerdas de uma escova de dente. Por isso, são adequados para a discussão de algumas questões gerais dos procedimentos fabris na elaboração da textura.

Os plásticos possuem um comportamento bastante previsível durante os processos produtivos, têm características específicas em cada família, mas, no geral, são versáteis em suas formas e meios de aplicação. Inertes a agentes químicos e a intempéries, receptivos a aditivos químicos, são capazes de receber coloração durante o processo de fabricação e reproduzem com grande fidelidade os moldes. Essas características permitem, em uma produção de larga escala, resultados mais eficientes, produzindo mais itens sem defeitos, em menos tempo. Isso tudo interfere também no custo, que cai drasticamente em relação a outros materiais e processos semi-industriais e artesanais. Depois de seu auge de status e uso, o plástico é, hoje, percebido por parte do público como material pobre e de péssimo acabamento. Para driblar essa conotação, os novos produtos plásticos recebem aditivos químicos que incrementam suas capacidades mecânicas e tratamentos de superfície que melhoram seu aspecto visual e tátil.

Com a facilidade de cópia, uma textura previamente definida no molde pode ser reproduzida com exatidão em todos os itens a serem produzidos, sem precisar de manutenção para o molde.

A versatilidade técnica dos plásticos é devida à ampla gama de resultados a partir de mudanças sutis no processo de fabricação. Na operação de moldagem[10] do material, por meio da intervenção no ciclo térmico, na pressão e na formulação do agente expansor, é possível obter componentes leves, rígidos ou flexíveis sem prejudicar o acabamento da superfície e vice-versa (Manzini, 1990, p.196). Dessa maneira, as superfícies plásticas estão presentes também em grande parte dos procedimentos técnicos. Dentre as mais recorrentes industrialmente, estão a ***impressão*** e a ***construção***.

Os termos, ***impressão*** e ***construção***, foram escolhidos baseados na observação dos casos aqui apresentados e com respaldo teórico de Barachini (2002). Para Barachini, as superfícies desempenham duas funções: superfícies-objeto e superfícies-envoltório. O mesmo conceito foi utilizado por Shwartz (2008), sob o ponto de vista da representação geométrica, no qual utiliza as palavras: caracterizar (superfície-envoltório) e constituir (superfície-objeto).

De acordo com nossa abordagem processual, acreditamos ser mais apropriado utilizar os termos que fazem referência às técnicas e aos possíveis resultados estéticos, segundo as práticas de tratamento das superfícies. Sob esta ótica, encontramos recorrências de meios técnicos que se aproximam das definições: imprimir e construir. Algumas objetivam trabalhar a superfície, imprimindo sobre ela cores e grafismos (2D e 3D) e outras que visam à construção de uma superfície propriamente dita a partir da moldagem e de recorte a laser, por exemplo.

Dentre as técnicas de impressão mais populares estão: a rotogravura, a serigrafia (*silk screen*), a impressão digital, a impressão por cilindros, transfer, e muitos outros exemplos e técnicas que são derivadas dessas.

Dentre as técnicas de construção mais conhecidas estão: a moldagem, a prensa, o recorte a laser ou jato de água e a justaposição de materiais. O conceito dessas técnicas citadas acima atende à maioria dos setores do mercado: cerâmico, siderúrgico [...] e certamente produtos que contenham compostos poliméricos, porém, cada qual com os ajustes específicos necessários.

10. Umas das principais técnicas para a construção da superfície.

Figura 3.25 Processo de impressão industrial por cilindros em papel transfer.

Fonte: arquivo pessoal da autora, 2009. (1-3) Impressão do papel transfer; (4-5) Processo de sublimação da tinta presente no papel tranfer para o tecido; (6) Tecido sintético estampado. Fonte: arquivo pessoal da autora, 2007.

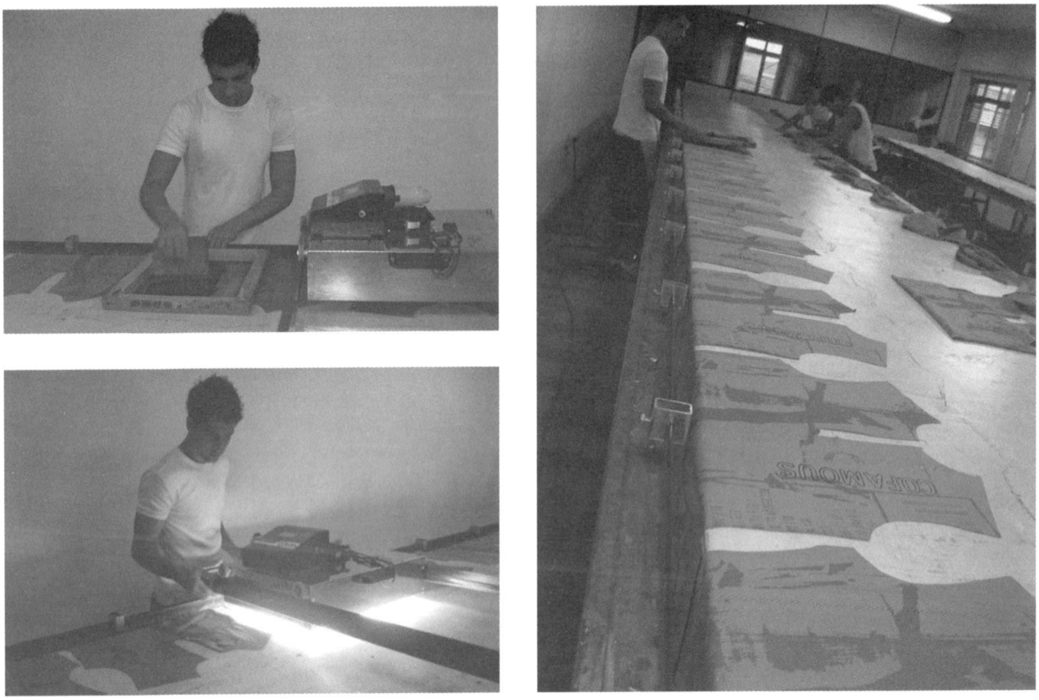

Figura 3.26 Processo de impressão semi-industrial por serigrafia.
Fonte: arquivo pessoal da autora, 2009. (1) Impressão serigráfica; (2) secagem da tinta por emissão de luz; (3) linha de produção preparada para as próximas etapas de impressão. Fonte: arquivo pessoal da autora, 2009.

Figura 3.27 Processo de impressão digital em superfície de EVA - fase de testes do projeto de design de superfície para as sandálias de dedo realizado pela autora. As máquinas de impressão digital representam um grande avanço em termos de rapidez de impressão e fidelidade de cores e formas. Além de ampliarem a gama de superfícies de materialidades diferentes. Fonte: arquivo pessoal da autora, 2005.

Figura 3.28 Led Carpet – Airbus A350 Business Class – PriestmanGoode, 2006; Led Carpet Telefonica flagship store Madrid, 2008. Fonte: www.lamaconcept.nl, 2009.

O *Cell Carpet* é um tapete produzido fora dos padrões convencionais, sem tear, sem técnicas de acolchoamento, nem costura, nem impressão. Esse tapete é constituído de tiras de feltro prensadas aleatoriamente, formando uma superfície. No núcleo das "células" estão os *LEDs,* que podem ser customizados de acordo com a necessidade do cliente. A manutenção do tapete pode ser feita com mais facilidade, retirando apenas as tiras que estão danificadas, substituindo-as por outras novas.

A divisória de ambientes *Nomad System* propõe a construção de uma superfície a partir do encaixe de peças sem auxilio de nenhum tipo de ferramenta. O design de cada módulo é feito para que se possam criar curvas e espaços abertos na estrutura. A manutenção é descomplicada. Basta retirar o módulo e substituí-lo por outro, assim como a armazenagem das peças que podem ser empilhadas, ocupando menos espaço.

Alguns efeitos tácteis são resultado do próprio manuseio industrial do material. Por exemplo, os plásticos, de maneira geral, possuem a capacidade de produzir monômeros livres. Esses monômeros, como não são ligados às cadeias poliméricas,

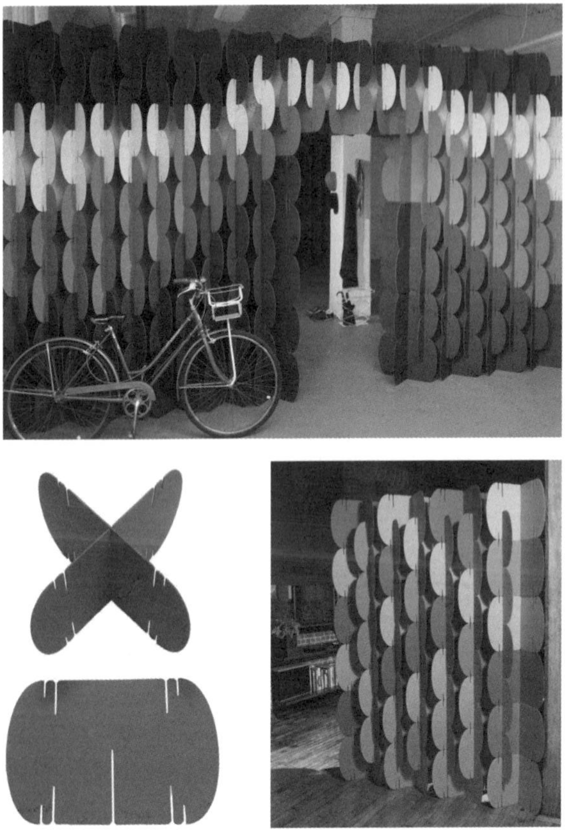

Figura 3.29 Nomad System – revestimento nômade tridimensional de papel duplex reciclado.
Fonte: www.mioculture.com, 2009.

migram para a superfície, conferindo-lhe uma aparência cerosa. A presença de outros resíduos ou partículas de outros materiais pode também migrar para a superfície, modificando a aparência inicial.

Os descritores intrínsecos aos materiais podem ser ressaltados ou disfarçados de acordo com o tipo de tratamento que será dado ao produto, como cor, textura e grafismo. E, a partir das escolhas de tratamento, existem os efeitos visuais e táteis possíveis em uma textura, como brilho ou opacidade; aspereza ou maciez; relevos e declives, corrosão, transparência. Os efeitos mecânicos e químicos são relacionados à integridade da estrutura do material e seu desempenho mecânico como diferentes níveis de dureza, resistência ao desgaste, abrasão e também as forças solicitantes (momento fletor, cisalhamento, força normal).

As mesmas exigências de fabricação dos materiais são também impostas pela superfície, uma vez que são parte integrante do corpo desse material. Portanto, estas questões devem ser consideradas e seus comportamentos, previstos. Mesmo que essa superfície seja sobreposta à superfície do material de base, ambas devem ser compatíveis com suas qualidades mecânicas e químicas, de modo a estabilizar essa justaposição. A superfície "[...] deve ser capaz de suportar toda espécie de solicitações e agressões mecânica, física, química e biológica. Além disso, este último estrato concentra muito daquilo que num objeto é significante para o observador/utilizador: qualidades sensoriais (propriedades óticas, térmicas e táteis), valores simbólicos e culturais[...]" (Manzini, 1993, p. 193).

O molde tem a finalidade de reproduzir com exatidão o mesmo objeto a partir do qual foi criado, isto é, o molde é um aparato que possui as formas em negativo de um objeto.

Ao inserir um material em seu estado líquido ou pastoso (cera, gesso, polímeros, vidro...) no molde, são preenchidas as formas em negativo. Quando o material atinge o estado sólido, retira-se o molde e tem-se o objeto.

O conceito da prensa segue o mesmo pensamento do molde, no sentido de também possuir o negativo das formas do objeto, porém, neste caso, o material é "prensado" em seu estado sólido. Podem ser prensados materiais que possuem flexibilidade quanto ao seu estado material, como lâminas de plásticos em prensas a vácuo.

O molde por injeção, *Injection Molding* (Lefteri, 2007), foi um dos adventos da fabricação de peças plásticas em massa. Atualmente, existem muitas variações desse mesmo princípio de produção. O processo básico consiste em injetar em alta pressão o composto plástico no estado líquido no molde. Polímero em grãos é colocado em um cilindro de aquecimento, onde lentamente o polímero será derretido e logo será injetado sob alta pressão para dentro do molde. A entrada do plástico no molde geralmente deixa uma marca comumente chamada de "ponto de injeção". A qualidade de um objeto feito de um molde por injeção é medida pela discrição do local e números de pontos de injeção. Quanto menos marcas e mais discretas forem, melhor qualidade de acabamento. As linhas de divisão do molde também devem ser consideradas no projeto, pois, dependendo da complexidade do molde, ele pode ser composto por várias partes e, por consequência, apresentar várias linhas, prejudicando o acabamento final da superfície. A má circulação do material dentro do molde causa efeitos que parecem manchas brilhantes, normalmente causadas pelo desgaste do molde ou/e pelo aquecimento do material em tem-

Figura 3.30 Sola dos sapatos Camper com textura localizada, 2005.
Fonte: www.camper.com, 2009.

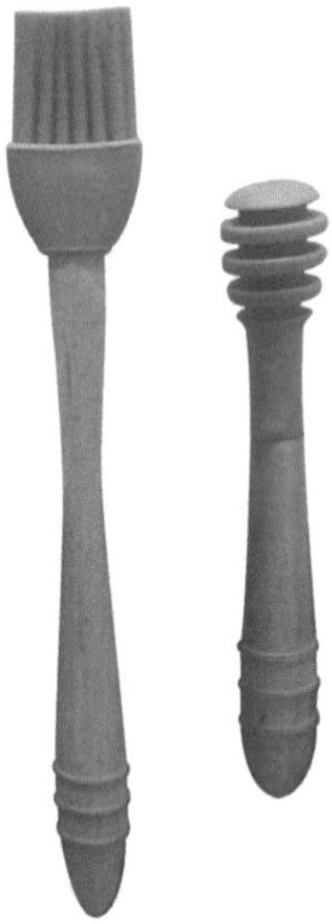

Figura 3.31 Ilustração do Insert Molding. Fonte: Lefteri, 2007.

Figura 3.32 Tênis Nike com solado com textura localizada com pigmentos fluorescentes a partir da técnica *Insert Molding*. Fonte: arquivo pessoal da autora, 2011.

peratura inadequada. As superfícies geradas por meio deste processo são também influenciadas pelo metal de que é feito o molde e podem variar de uma textura de alta rugosidade até uma superfície totalmente lisa e brilhante.

Surgiram depois o *Insert Molding, In-Mold Decoration* e *Over-Mold Decoration*, técnicas que dão a possibilidade de explorar a tatilidade de uma superfície de diversas formas.

A primeira técnica, *Insert Molding*, também chamada de molde por dupla injeção (*two-shot molding*), consiste em um método que é capaz de justapor diferentes tipos de plásticos entre outros materiais em um único processo de fabricação. As superfícies geradas por essa técnica podem apresentar as mesmas características do molde por injeção. Também podem ser introduzidos diferentes tipos de texturas de forma localizada.

A indústria automotiva se utiliza do processo de dupla injeção para obter um acabamento superficial mais refinado, injetando para a superfície um plástico que forneça melhor acabamento, como o ABS, e outro para preencher o interior, normalmente um outro composto plástico menos custoso. Também são comuns as "blendas", quando dois compostos de classes, diferentes ou não, são misturados de modo que o resultado final seja um terceiro composto (blenda) favorecido, em geral, pela maior resistência mecânica e pela redução de custos. Normalmente, a blenda é feita com um ou mais tipos de polímeros, a adição de compostos cerâmicos, fibras naturais e outros aditivos.

Sob a mesma perspectiva, no universo dos metais, diferentes ligas metálicas podem ser justapostas uma a outra por meio de uma solução eletroquímica, onde uma liga é impregnada por outra quando entram em contato. O material resultante possui melhor qualidade mecânica superficial, garantindo maior resistência a forças externas.

O *In-Mold Decoration* oferece uma possibilidade de eliminar a necessidade de um acabamento de impressão pós-fabricação ou nova moldagem com grafismos e cores diferentes em determinadas partes do produto. O processo se inicia pela impressão dos grafismos em um filme (lâmina) de policarbonato ou poliéster. Logo, esse filme é moldado em sua forma final e, depois, a peça é acoplada individualmente ao produto ou pode ser inserida no molde.

Assim como todos os casos mencionados acima, são derivados do molde por injeção com tecnologias a mais, que ampliam a gama de produção e acabamentos.

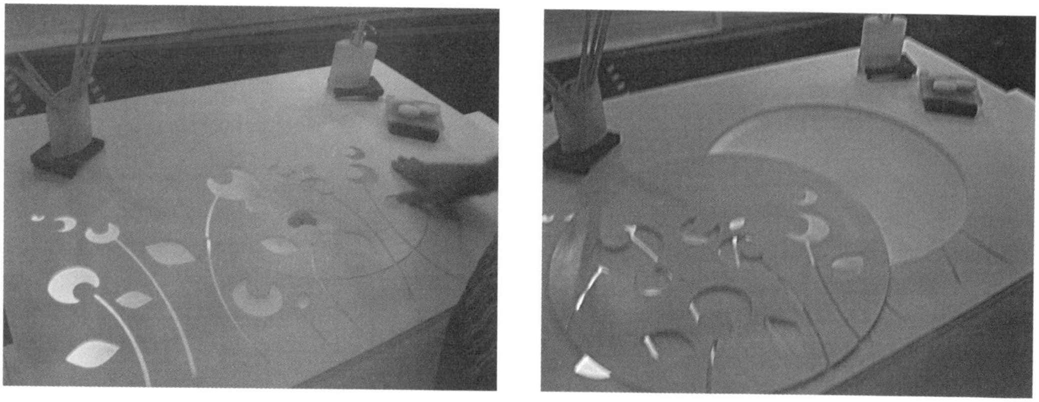

Figura 3.33 Superfície de cuba de pia com grafismos feitos em recorte a partir da técnica *Laser Cutting*. Fonte: arquivo pessoal da autora, 2009.

O *Over-Mold Decoration* permite que qualquer tipo de material possa ser inserido no molde a fim de recobrir o corpo de um suporte plástico. A superfície é determinada pelo material escolhido como segunda pele do produto.

Os processos de recorte com jato de água ou a laser também são recursos muito utilizados e conseguem produzir peças elaboradas, com recortes minuciosos com alto acabamento, como o Corian, composto plástico produzido pela Dupont.

Existem muitos meios de produzir uma textura em um objeto. As tinturas, os vernizes, os esmaltes e a metalização recursos muito explorados durante anos. A ideia é criar uma película de material orgânico ou inorgânico, fazendo com que

Figura 3.34 Poltrona com grafismos feitos em recorte a partir da técnica *Water-Jet Cutting* by manufacturer HAY. Fonte: www.louisecampbell.com, 2007.

ele tome a forma diretamente do objeto em questão (Manzini, 1990, p. 196). Quando a superfície a ser agregada possui uma materialidade sólida, é preciso que tanto o objeto quanto a superfície estejam em um estágio de acabamento parcial antes de conformar as peças.

A obtenção de textura através de tinturas deve-se, em especial, aos aditivos. São substâncias que se tornam necessárias por razões tecnológicas. As razões para o uso do aditivo são várias, desde questões associadas ao processo de pintura, até possibilitar certos desempenhos relativos à durabilidade e ao

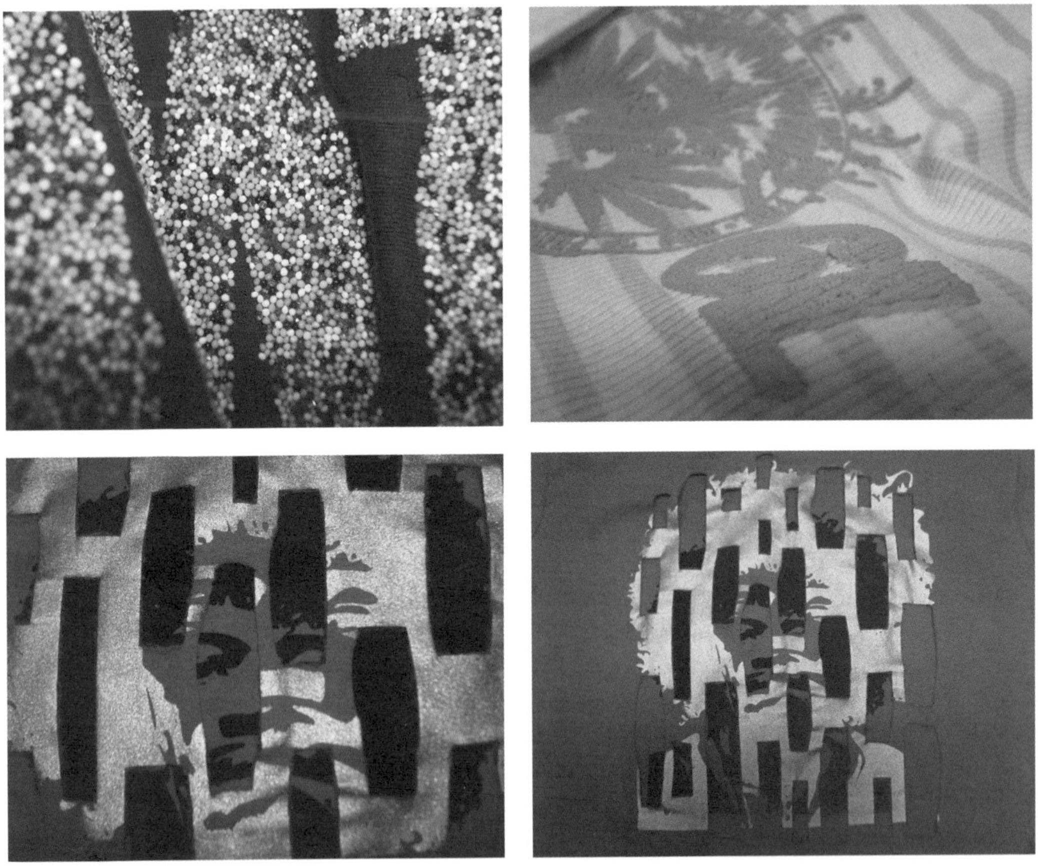

Figura 3.35 Camisetas com tratamento de superfície por meio de impressão serigráfica localizada. Fonte: arquivo pessoal da autora, 2009. (1) camiseta com tintura localizada e aditivos em grãos coloridos; (2) camiseta com tinturas localizadas de efeitos em veludo (flocagem), metálico e desenhos geométricos feitos com pigmentos corrosivos.

efeito estético. Os aditivos podem conter agentes fungicidas, impermeabilizadores, absorventes de raios ultravioletas, metalizados, fluorescentes, grãos diversos, flocos de tecido, efeito emborrachado, entre outros.

Exposto na última Bienal de Viena (2008), o protótipo do *proSolve* 370e consiste em uma superfície modular que pode ser fixada em outras superfícies e promete decorar ambientes e reduzir a poluição no ar. É um projeto que mostra profunda conexão entre a seleção de materiais, a tecnologia e o design de superfície. A capacidade de absorver as partículas poluentes no ar é devida à adição de um químico antipoluente, o dióxido de titânio (TiO_2), na mistura do material de base. Essa é uma versão nano dos fotocatalisadores comumente utilizados como pigmentos conhecidos por suas qualidades autolimpantes e germicidas. Esse revestimento é indicado para implantação

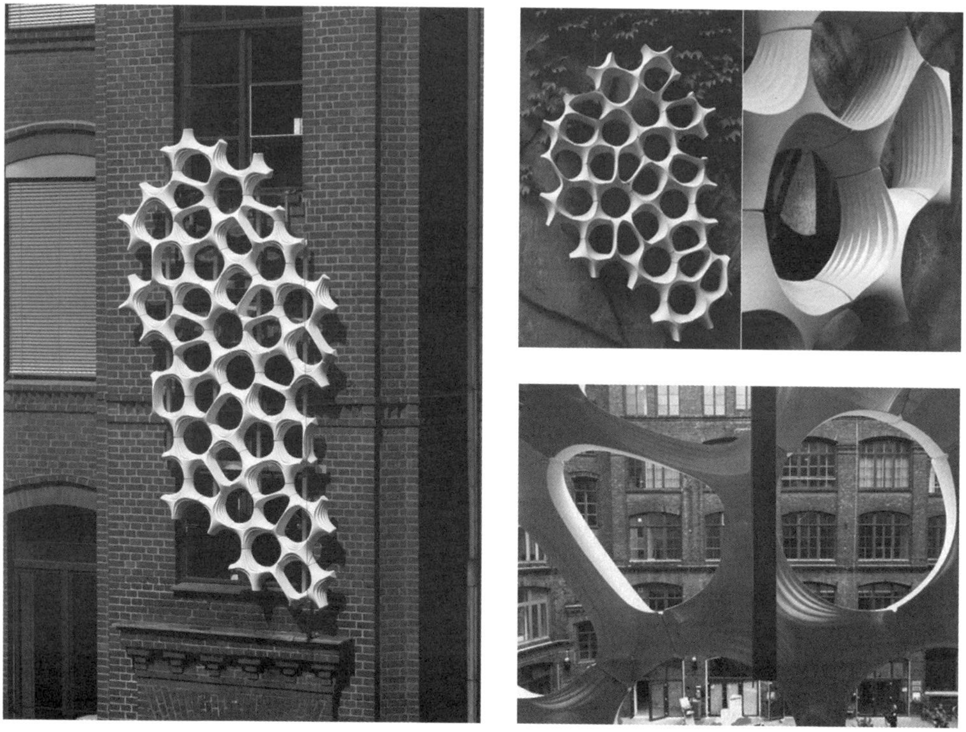

Figura 3.36 Revestimento plástico *ProSolve 370e*, capaz de absorver partículas poluentes do ar. Fonte: www.elegantembellishments.net, 2009.

próxima a áreas de grande tráfico urbano, onde poderá imediatamente neutralizar os óxidos de nitrogênio (NOx) e os compostos orgânicos voláteis (VOCs) a partir de uma pequena incidência de luz solar.

Segundo os criadores deste projeto, a empresa alemã *elegant embellishments*, o aspecto orgânico e irregular da superfície é resultado de uma malha não ortogonal que dá a ilusão de um padrão de repetição não regular, porém, a superfície é estruturada a partir de um padrão regular meticulosamente trabalhado com apenas dois módulos. Além da estrutura de aplicação aparentemente randômica, essa superfície possui relevos e reentrâncias distintos que auxiliam na captação da luz, mesmo em condições desfavoráveis. Devido à sua flexibilidade estrutural modular, a superfície pode ser aplicada em qualquer tipo de ambiente e superfície, podendo ser expandida ou diminuída de acordo com as dimensões do ambiente.

4
A leitura das superfícies

> Todos os objetos são "[...] de um modo potencial, uma possível versão daquilo que pode vir a ser ainda modificado." (Salles, 2006, p.162)

Os códigos informacionais envolvidos em um trabalho de superfície se referem a um novo conceito de comunicação, a uma leitura que escapa às convenções literárias. Os códigos sensórios envolvem as qualidades de cor, de textura e de grafismos, que alimentam os conteúdos imateriais do conhecimento humano, podendo ser denominados como saberes Görz (2005). Os saberes "são baseados em convenções que não precisam ser aprendidas conscientemente: elas são inconscientes." (Flusser, 2008, p. 114). Pertencem a um universo de ficção imagética (Flusser, 2008), na qual a percepção dos sentidos, por sua vez, subjetivos, são os canais de comunicação.

Esse aprendizado inconsciente e intuitivo acontece quando "lançamos, por assim dizer, uma rede conceitual de pontos [...]" sobre as potenciais qualidades presentes nas superfícies "[...] e captamos somente aquele significado que não escapou por entre os intervalos daquela rede." (Flusser, 2008, p. 115). As informações desse universo imaterial, puramente imagético, têm significados que não são diretos e nítidos para nosso entendimento como os significados do universo das linhas, o universo discursivo (Flusser, 2008), porém nos oferecem mais conteúdos imateriais. A cada nova leitura podemos extrair mais sensações, mais informações sobre aquela superfície, uma vez que o aprendizado subjetivo é conduzido por milhares de conexões e cognições conscientes e inconscientes das referências sensoriais prévias em constante modificação.

A tentativa de traduzir um conceito de emoção e sensação em formas, cores e relevos é uma ação que sofre inúmeras inferências e mediações, desde a formulação das palavras e esboços que melhor se referem ao conceito, até o momento da entrega do produto ao consumidor. Existem milhares de traduções, mutações e criações de caráter imaterial, visando a alcançar a realização de uma ideia.

Cada elemento da rede criativa oferece caminhos que podem levar ao resultado buscado pelo designer, que se concretiza por meio da realização material dessa mesma ideia. O resultado estético e funcional se apresenta por meio de uma materialidade que oferece características a serem interpretadas pelo público, que são decodificadas gerando experiências e, logo, novamente codificadas como conceitos-descritores qualitativos (Kunzler, 2003b).

Assim como a percepção sensorial, a busca pela comunicação tátil acontece em sinestesia. Segundo o ponto de vista processual, os índices de qualidades táteis transitam entre diferentes funções, ora como índices de qualidade estéticos, ora como índices de qualidade de procedimentos técnicos. Considera-se que os índices de qualidade estéticas, que são os recursos táteis (alto-relevo, gravação, recortes, corrosão, etc.) encontrados para produzir os efeitos (maciez, aspereza, brilho, opacidade, transparência, etc.) que se deseja transmitir ao público, estão sujeitos à leitura da percepção sensorial. Os índices de qualidade de procedimentos técnicos são os meios (técnicas de impressão e construção) encontrados para realizar os recursos táteis e estão relacionados às questões de feitio de um produto. Os procedimentos para se alcançar a comunicação tátil desejada são muitos, assim como são inúmeros os recursos de exploração tátil sobre uma superfície, e infindáveis os possíveis efeitos perceptivos que podem suscitar no público.

De acordo com os projetos aqui apresentados, podemos observar que os meios e motivos que cada projeto encontrou para explorar os recursos e efeitos táteis são particulares a cada desenvolvimento projetual. No entanto, evidenciam-se algumas tendências na comunicação tátil, recorrentes entre os projetos, não somente sob o aspecto do efeito perceptivo, mas também sob o aspecto do próprio recurso criativo, utilizado para se alcançar tal efeito comunicativo que, a partir de combinações distintas de técnicas, alcançaram características táteis similares em diferentes suportes materiais.

A composição de espaços vazios e linhas tridimensionais é recurso de comunicação tátil presente em ambos os projetos, cujos efeitos sensoriais estão sujeitos ao entendimento do contexto em que o projeto está inserido e ao desígnio de sua função.

Figura 4.1 Estádio Olímpico "Ninho de Pássaro", Pequim, Jogos Olímpicos de 2008. Copyright Jmex60. Fonte: http://commons.wikimedia.org. Da esquerda para a direita, fachadas de edifícios na Bolívia, no Brasil e em Xangai. Fonte: arquivo pessoal da autora, 2008-2011.

Notamos que, em alguns projetos, o jogo dos recursos táteis como diferentes profundidades, combinações de formas e cores brincam com nossa percepção, como é o caso do estádio nacional de Pequim construído para os Jogos Olímpicos de 2008. Suas extensas e curvilíneas faixas de concretos se entrelaçam em um emaranhado de linhas que lembram um ninho de pássaro. Estas diferenças de planos e efeitos tridimensionais podem ser obtidas por meio dos recursos de um trabalho bidimensional. Isto é, através de desenhos que provoquem tais efeitos, como as ilustrações de Escher e projeções de imagens.

Figura 4.2 4ª edição do Todays Art Festival, 2007. Fonte: www.maxalot.com, 2009. A edição reuniu diversos artistas que expuseram seus trabalhos, durante dois dias, no edifício da prefeitura de La Haya, Suiça.

Vejamos o recurso de corrosão encontrados nas áreas de revestimentos e têxtil como exemplo. O uso da corrosão nos projetos é diferente. Para obter-se o recurso de comunicação tátil de corrosão, o revestimento foi moldado de tal modo para que a superfície apresentasse sulcos irregulares imitando a corrosão. Já na camiseta, este recurso é usado como técnica. Os recortes retangulares são feitos com uma tinta de ação corrosiva que, depois de aplicada, seca, e a área tingida fica frágil e pode ser retirada sem comprometer o resto da malha.

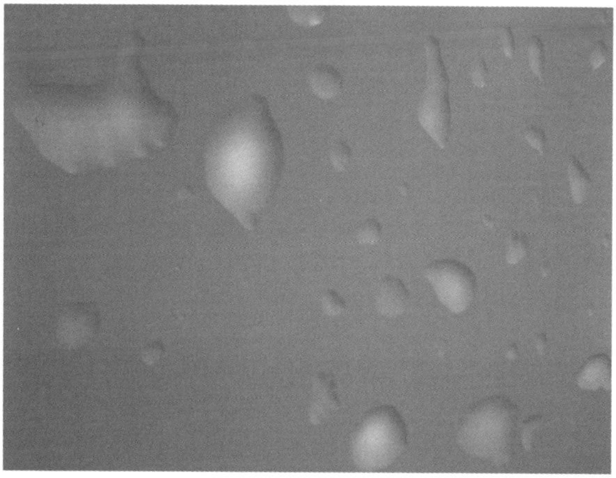

Figura 4.3 Revestimento plástico *MagicStone*: solid surfaces. Fonte: arquivo pessoal da autora, 2005.

Figura 4.4 Camiseta com tratamento de superfície por meio de impressão serigráfica localizada. Fonte: arquivo pessoal da autora, 2009.

Da mesma maneira que os processos de fabricação são distintos, também são os propósitos dos projetos. O revestimento tem a intenção de ter a aparência de um material que sofreu corrosão por meio dos sulcos irregulares, que são uma das características da corrosão. No entanto, o polímero do qual é feito o revestimento não passou por tal processo. Na camiseta utiliza-se o procedimento técnico da corrosão na superfície do material para conseguir outros recursos de comunicação e provocar outros efeitos a partir deste.

O revestimento de origem plástica, para uso externo ou interno (fig.4.5), foi produzido a partir de um processo de moldagem por injeção, possui tratamento com vernizes e

Figura 4.5 Revestimento cerâmico *Castelatto*, Revestir 2009. Fonte: arquivo pessoal da autora, 2009.

Figura 4.6 Revestimento metálico produzido pela técnica *Explode Forming*. Fonte: Lefteri, 2007.

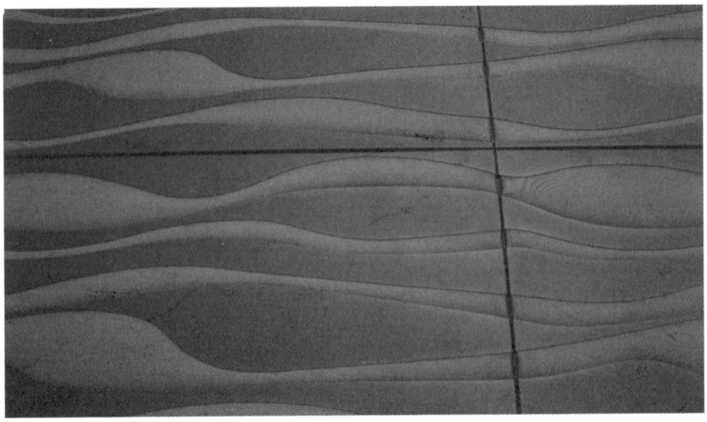

Figura 4.7 Revestimento composto têxteis, metal e espuma – *Wave*. Fonte: www.lamaconcept.nl 2009.

aditivos que protegem sua superfície contra as intempéries. O seguinte revestimento idealizado para revestir ambientes externos e produtos que estejam em constante exposição a ações mecânicas (fig.4.6) é o resultado de um processo chamado *Explosive forming* (Lefteri, 2007). É um método que, por meio da explosão de alta energia, é capaz de produzir rugosidades controladas em metais (lâminas ou tubos), conferindo também alta resistência mecânica. A última figura (fig. 4.7) é um revestimento para ambientes internos, feito de recortes de materiais distintos sobre um mesmo suporte de tecido elástico.

Os produtos cumprem a função de revestir ambientes, todos se utilizam do recurso tátil de relevos em desenhos de ondas que, no entanto, foram elaborados de maneiras diferentes de modo a cumprir seus propósitos práticos e estéticos. Pode-se dizer, portanto, que muitas vezes, os conceitos de procedimentos técnicos e os recursos de comunicação táteis se mesclam.

Acima, vimos produtos com propósitos singulares e processos criativos completamente diferentes. Porém, da mesma maneira, um mesmo recurso de comunicação pode ser reproduzido em outras superfícies, buscando manter a semelhança e as características do projeto.

O design de superfície permite que um só projeto possa *revestir* ou *constituir* (Barachini, 2008) superfícies de diferentes materialidades e topografias. Para cada diferente suporte são necessários ajustes de acordo com a materialidade da superfície. Tanto em superfícies 2D como 3D devem ser consideradas as características individuais que constituem as superfícies (incidência da luz, textura, curvaturas, condutividade térmica, dureza, entre outros) em relação às possíveis aplicações futuras.

Logo, temos uma nova cadeia de conexões de processos criativos. As técnicas serão diferentes, pois cada superfície possui capacidades distintas de absorção de cor, tipos de verniz, aditivos, resistência mecânica e por aí segue infinitamente. Com a mudança de materialidades e procedimentos técnicos, a adequação do projeto nas representações técnicas e artísticas também pode sofrer alterações. Uma vez que temos superfícies diferentes, a topografia será diferente, alterando a malha de aplicação na superfície.

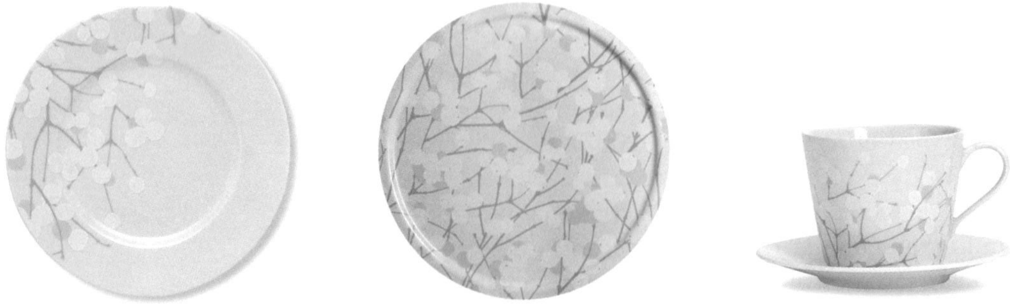

Figura 4.8 Jogo de louça.
Fonte: www. marimekko.com, 2009.

Mesmo que a materialidade da superfície seja a mesma, poderá haver alterações de modo a manter a integridade do efeito estético esperado no projeto, até mesmo para fins de uma nova composição (fig.4.8).

Figura 4.9 Coleções de estampas para produtos variados.
Fonte: www.marimekko.com, 2009.

Para ser possível a variedade de adequação de uma mesma comunicação em diferentes superfícies algumas características do próprio projeto podem ser alteradas, no entanto, sem descaracterizar o projeto. Nas peças da Figura 4.9, é possível observar que foram usados vários recursos para adequar a aplicação da mesma estampa em uma linha de produtos: variação de posição em relação ao objeto, mudança de dimensão, aproximação de detalhes da estampa e ajustes de cores.

Figura 4.10 Revestimentos cerâmicos. Fonte: arquivo pessoal da autora, 2005.

Mesmo em casos de superfícies com as mesmas características materiais, existem adequações técnicas para cada tipo de comunicação que se deseja propor. As duas peças de revestimento possuem o mesmo grafismo, porém uma peça tem os grafismos impressos sobre a base cerâmica e a outra tem os grafismos gravados em baixo relevo nesta mesma base cerâmica. A aplicação de uma estampa bidimensional (impressão) em um suporte cerâmico, por exemplo, possui um processo específico, diferente do processo de construção de uma textura no mesmo suporte. Primeiro porque um trabalho se concentra na bidimensionalidade, sendo apenas aplicado sobre o material. Já no segundo caso, existe uma interferência física na constituição do corpo do material. A matéria é a mesma, porém, para cada campo de intervenção, impressão ou construção da superfície, existem exigências próprias do material.

Da mesma maneira, mesmo que a intenção comunicativa seja realizada em um mesmo campo técnico (impressão ou construção), ao serem submetidos a técnicas diferentes desses mesmos campos, certamente também serão diferentes os resultados estéticos e mecânicos.

O mesmo se aplica no caso de superfícies de materialidades similares. Tomemos como exemplo os tecidos. Cada tecido possui uma determinada porcentagem de fibras, naturais ou/e artificiais, em sua composição. Como no caso do tecido da saia, do tecido do guarda-chuva, do vestido e dos sapatos. As estampas podem ter sido aplicadas por meio dos mesmos procedimentos, caso possuam fibras com as mesmas propriedades químicas e físicas.

Portanto, podemos concluir que, devido a essa flexibilidade de revestir e constituir diferentes materialidades de su-

Figura 4.11 Coleção de estampas para moda e acessórios.
Fonte: www. marimekko.com, 2009.

perfícies sob diversos procedimentos técnicos, a pós-produção de um design de superfícies consiste também em verificar se a adequação do projeto nas diferentes superfícies está de acordo com o esperado no projeto. Isto é, que as características que constituem esse trabalho, sentido e direção de aplicação, assim como a fidelidade das cores, resolução dos grafismos e qualidade de textura, estejam alinhadas com as expectativas projetuais para efetivamente comunicar a intenção do projeto.

Ao focar na relação da comunicação tátil do projeto de superfície com o público, foi dada ênfase às inter-relações que, de alguma maneira, podem interferir no resultado final do projeto, logo, na percepção desses receptores. Entende-se que todo projeto é guiado por linha de propósitos, ou tendências, portanto as decisões tomadas durante o processo podem aproximar ou distanciar o projeto da proposta inicial. Portanto, as questões relacionadas às escolhas de materiais e técnicas são de essencial importância, na medida em que são estas que viabilizam alcançar o propósito.

As escolhas são também o espaço de criação no projeto de design de superfície, sendo, portanto, aquilo que diferencia um projeto de outro. Nessa diferença está sua singularidade e subjetividade.

Não se buscou, aqui, esgotar todas as possibilidades de recursos comunicativos do design de superfície, mas sim buscou-se assinalar certas convergências das singularidades da comunicação tátil que indicam tendências de grande potencial mercadológico e humano interativo.

Considerações finais

> "Mind design is the endeavor to understand mind (thinking, intellect) in terms of its design (how it is built, how it works)." (Haugeland, 2000, p.1)

A definição de *Mind Design*, segundo Haugeland, serviu como uma linha-guia dos objetivos que este trabalho visava a cumprir: compreender os mecanismos geradores da comunicação tátil do design de superfície a partir de uma abordagem que incluísse sua gênese, ou seja, seu processo de criação.

Apresentamos diversos produtos do mercado, isto é, objetos de origens projetuais variadas: projetos de arquitetura, de moda e de design em geral. No entanto, todos possuem em comum o tratamento de superfície. Essa escolha foi feita porque se busca discutir os possíveis meios comunicacionais táteis e, para tanto, é preciso verificar o máximo possível a extensão desse conceito para poder identificar as conexões mais recorrentes para se criar tal comunicação.

As áreas de aplicação não se referem a tipos específicos de materiais, técnicas expressivas ou técnicas de fabricação, mas a conjuntos de características imateriais que apontam para certas tendências criativas entre os projetos citados. As recorrências encontradas são referentes à intenção de estabelecer uma comunicação diferenciada com os usuários, por meio do tratamento da superfície, e à possibilidade de oferecer algo além da função física do objeto em um consumo baseado na experiência emocional.

A intenção é mostrar que atualmente, mais do que nunca, a superfície é um meio de expressão, via de comunicação com o ambiente em que se insere e com seu público. As superfícies são interfaces comunicativas em sua essência, exercem a função mediadora entre o ambiente externo e o interno; e são fontes de recursos gráficos e táteis infindáveis, com um grande potencial mercadológico.

O interesse por uma comunicação que explore os sentidos além dos meios já conhecidos existe. Basta ver a diversidade de áreas e tipos de projetos à nossa volta e os aqui reunidos. Como afirma Lazzarato (2001), o momento socioeconômico que vivemos possui uma dinâmica distinta do início do século XX. A relação com o cliente tornou-se prioridade. Para tanto, o nosso posicionamento quanto ao design como campo de atuação criativa é que devemos ampliar os caminhos e vias de comunicação com o público, explorar novas linguagens, aprofundar os estudos nas potencialidades sensoriais aplicadas à área.

A abordagem da crítica de processo ofereceu uma perspectiva mais ampla para a discussão, em relação ao universo criador dessas ações comunicativas. Entendemos que o conceito de projeto de um objeto, de um edifício ou de uma roupa jamais está completo, ideal e imune a mudanças. Dessa maneira, ao analisar nosso objeto de estudo, foram levadas em conta as questões gerais e específicas relativas ao trajeto criador, que conferem tessitura à rede criativa. Foram observados alguns pontos de confluência dos quais partem alguns vetores comuns, entre os projetos estudados. São questões relativas aos materiais e seus limites mecânicos e suas potencialidades imateriais, bem como questões relativas às escolhas de procedimentos técnicos, que ofereçam um bom resultado estético-mecânico, contemplando os limites orçamentários. Todas essas questões são consideradas num momento histórico-cultural, definindo algumas linhas gerais nas buscas processuais por uma comunicação tátil.

As inter-relações desses vetores são costuradas aos propósitos criativos que guiam as escolhas do processo e nos dão as especificidades da área do design de superfície. Cada projeto possui buscas projetuais diferentes e trabalham de maneira distinta com os meios disponíveis para a realização do projeto. O que os une nesta discussão é o desafio em explorar os limites físicos impostos pela técnica e pela matéria e as potencialidades funcionais e estéticas da superfície que deixam evidentes seus potenciais comunicativos sensoriais, permitindo que a troca entre os ambiente (interno e externo) e o público seja fluída e interativa. O conteúdo imaterial oferecido ganha ou perde força por causa das escolhas que constroem a materialidade.

A partir desta abordagem processual, podemos entender que a textura consiste em um tipo de tratamento que confere às superfícies rugosidades, saliências, relevos, sulcos e recortes. A textura implica em ser, ou simplesmente aparentar ser, multidimensional. Essas características físicas e estéticas estabelecem a comunicação tátil com o público, ativando a percepção sensorial. As impressões apreendidas são decodificadas e produzem respostas aos estímulos recebidos. Essas respostas são as sensações que, mais tarde, serão analisadas na seleção de materiais, como índices das características intangíveis dos materiais (ICM).

Um projeto de design de superfície é capaz de agregar novos valores imateriais a um produto, sob o ponto de vista funcional, imaterial e mercadológico, podendo até mesmo influenciar em uma cadeia de consumo mais sustentável, ou seja, sendo capaz de sensibilizar os níveis mais sutis da percepção humana, prolongando, assim, o período de identificação com o usuário. Um produto interessante poderá ser reciclado e/ou reinventado, podendo até mesmo ser transferido a um novo contexto para executar novas funções além dos objetivos iniciais.

Por meio de um tratamento tátil, é possível oferecer soluções práticas para o uso cotidiano de objetos, como: rugosidades que aumentem o atrito, promovendo segurança no manuseio de utensílios domésticos (Fig. 3.1). Elaboração de códigos táteis de comunicação que facilitem a mobilidade de deficientes visuais indicando o caminho a seguir, alertando quando estão próximos de obstáculos (Fig. 3.2), entre muitos outros.

É possível alterar o período de uso de um produto, prolongando ou estendendo sua vida útil. O tratamento da superfície do material pode atenuar o processo de decomposição, preservando as características do material, se for o caso de bens duráveis, ou acelerar, no caso de produtos que são descartados rapidamente (sacolas plásticas, embalagens de alimentos, etc.).

Os caminhos para projetos futuros são inúmeros. Muitas demandas do mercado podem ser supridas por meio de um projeto de superfícies, e outras novas experiências podem ser criadas. O design de superfície, invariavelmente, transforma a superfície em questão, seja adicionando outra matéria em sua composição, ou justapondo, ou estampando a materialidade original.

Aqui, é proposto um olhar mais amplo e observador sobre as coisas a nossa volta. Como lidamos e interagimos com essas interfaces. A necessidade de entender que as superfícies vão além de pontos e limites de um corpo significa para o design, de modo geral, alcançar novos entendimentos em tecnologia, sustentabilidade e estética.

A ideia é que, ao projetar, os designers permitam que todas as camadas do objeto ganhem vida, indo além do revestimento, da proteção e da ornamentação. E que se busque realmente explorar a versatilidade funcional e estética que essa interface oferece.

Referências bibliográficas

ANDRADE, Mateus Gomes de; LIMA, Alessandra Marques de; MATTOS, Melissa Laus; DISCHINGER, Marta; ALARCON, Orestes Estevam. Design de uma nova linha de pisos táteis: um projeto interdisciplinar para acessibilidade. In: Congresso Brasileiro de Pesquisa e Desenvolvimento em Design, 4, Rio de Janeiro, 2007.

ANSCOMBE, Isabelle. Arts and Crafts Style. Londres: Phaidon Press Limited, 1991.

ADORNO, Theodor. Indústria Cultural e Sociedade. São Paulo: Paz e Terra, Coleção Leitura, 2002.

ADAMI, Antonio; HELLER, Barbara; CARDOSO, Haydée Dourado de Faria. Mídia, Cultura, Comunicação 2. São Paulo: Arte & Ciência, 2003.

ARGAN, Guilio Carlo. Projeto e destino. São Paulo: Ática, 2004.

BARACHINI, Teresinha. Design de superfície: uma experiência tridimensional. In: Congresso Brasileiro de Pesquisa e Desenvolvimento em Design, 5, Congresso Internacional de Pesquisa em Design, 1., 2002, Brasília. Anais do P&D Design, Brasília: [s.n.], 2002. 1 CDROM.

BOSONI, Giampiero. Il Modo Italiano: Italian Design and Avant-garde in the 20th Century. Montreal: The Montreal Museum of Fine Arts, 2006.

BROWN, TIM; WYATT, Jocelyn. Design Thinking for Social Innovation. In: http://www.ssireview.org/articles/entry/design_thinking_for_social_innovation/. Stanford Center on Philanthropy and Civil Society. Califórnia: Stanford Social Innovation Review, 2010.

CARDOSO, Daniel R. Desenho de uma poiesis: comunicação de um processo coletivo de criação na arquitetura. Tese (Doutorado em Comunicação e Semiótica), 2008. Universidade Pontifícia Católica de São Paulo, 2008.

CAUDURO, Flávio Vinicius. Signification, communication, and the subject of desire. Galáxia: revista transdisciplinar de comunicação, semiótica e cultura, nº 7. São Paulo: PUCSP-EDUC, Dez. 2006.

DAVIS, Melinda. A nova cultura do desejo: os segredos sobre o que move o pensamento humano no século XXI. Rio de Janeiro: Record, 2003.

DAMASIO, Antônio. O mistério da consciência. São Paulo: Companhia das letras, 2007.

DANTAS, Denise. Usuário, consumidor, cliente, cidadão – uma abordagem humanista do user-centered – design. In: Congresso brasileiro de pesquisa e desenvolvimento em design, 8, 2008, São Paulo. Anais do Congresso, CD-ROM, São Paulo: 2008.

DOCZI, György. O poder dos limites: harmonias e proporções na natureza, arte e arquitetura. São Paulo: Mercuryo, 1990.

FAGGIANI, Kátia. A importância do design nos significados da cultura material/The design importance in the meanings of material culture. In: Congresso brasileiro de pesquisa e desenvolvimento em design, 7, 2006, Curitiba. Anais do P&D Design, CD-ROM, Curitiba: 2006a.

_____. O poder do design: da ostentação à emoção. Brasília: Thesaurus, 2006b.

FONTENELLE, Isleide Arruda. Mídia, acesso e mercado da experiência. Universidade Federal Fluminense – Programa de Pós-Graduação em Comunicação, 10/11-Edição especial. Rio de Janeiro: Contracampo, 2002.

_____. O nome da Marca – McDonald´s, fetichismo e cultura descartável. São Paulo: Boitempo, 2004.

FLUSSER, Vilém. O mundo codificado. São Paulo: Cosac Naify, 2008.

GENTILLE, Terry A. Printed Textile: a guide to creative design fundamentals. New Jersey: A Spectrum Book, 1982.

GILLES, Deleuze. Diferença e Repetição. São Paulo: Graal, 2006.

GÖRZ, André. O imaterial. São Paulo: Annablume, 2005.

GREINER, Christine. O corpo: pistas para estudos indisciplinares. São Paulo: Annablume, 2005.

HAUGELAND, John. Mind Design II: philosophy, psychology, artificial intelligence. Londres: MIT Press, 2000.

KARANA, Elvin. Intangible characteristics of materials in industrial design. In: 5th International conference on design and emotion, Sweden; 2006.

_____; HEKKERT, Paul; KANDACHAR, Prabhu. Material considerations in product design: A survey on crucial material aspects used by product designers. In: Materials and Design 29 (2008) 1081–1089. Disponível em: <http://www.sciencedirect.com>. Acesso em: Maio de 2009.

KOZAK, Gisela; WIEDERMANN, Julius. Package Design Now!. Itália: Taschen, 2005.

KUNZLER, Lizandra Stechman Quintana. Estudo das variáveis de rugosidade, dureza e condutividade térmica aplicado à percepção tátil. Universidade Federal do Rio Grande do Sul – Grupo de Design e Seleção de Materiais, Porto Alegre: 2003a. Disponível em: <http://www.ndsm.ufrgs.br/>. Acesso em: Maio de 2008.

_____; CHYTRY, Sílvia; KINDLEIN, Wilson Júnior. Percepção Tátil: um valor importante na seleção de materiais para o design de novos produtos. Universidade Federal do Rio Grande do Sul – Grupo de Design e Seleção de Materiais, Porto Alegre, 2003b. Disponível em: <http://www.ndsm.ufrgs.br/>. Acesso em: Maio de 2008.

_____. Estudo das variáveis de rugosidade, dureza e condutividade térmica aplicado à percepção tátil em design de produto. Dissertação (Mestrado em Engenharia de Minas, Metalúrgica e de Materiais-PPGEM). Universidade Federal do Rio Grande do Sul. Porto Alegre, 2003c.

_____. Desenvolvimento de texturas como contribuição ao design emocional. In: Congresso brasileiro de pesquisa e desenvolvimento em design, 7, 2006, Curitiba. Anais do P&D Design, CD-ROM, Curitiba: 2006.

LAZZARATO, Maurizio; NEGRI, Antonio. Trabalho Imaterial: formas de vida e produção de subjetividade. Rio de Janeiro: DP&A, 2001.

LEFTERI, Chris. Macking it: manufacturing techniques for product design. Londres: Laurence King Publishing, 2007.

LEITE, Sylvia. O simbolismo dos padrões geométricos da arte islâmica. São Paulo: Ateliê, 2007.

LJUNGBERG, Lennart Y.;EDWARDS, Kevin L. Design, materials selection and marketing of successful products. In: Materials and Design 24 (2003) 519–529. Disponível em: <http://www.sciencedirect.com>. Acesso em: Maio de 2009.

LINDEN ,Júlio Carlos de Souza van der; Kunzler, Lizandra Stechman Quitana. A seleção de materiais e o conforto percebido em produtos: uma investigação semântica. Universidade Federal do Rio Grande do Sul – Grupo de Design e Seleção de Materiais, Porto Alegre, 2003. Disponível em: <http://www.ndsm.ufrgs.br/>. Acesso em: Maio de 2008.

LEVINBOOK, Miriam. Design de superfície e arte: processo de criação em estamparia têxtil como lugar de encontro. No prelo.

LOCHER, J.L. M.C. Escher: his life and complete graphic work. Nova Iorque: Harry N. Abrams, Inc., 1982.

MANU, Alexandre. Tendências futuras: A forma acompanha o estado de espírito. In: Fórum Internacional Design e Diversidade Cultural, Florianópolis, 1995. Anais do Fórum Internacional Design e Diversidade Cultural. Florianópolis: SENAI/ LBDI, 1995.

MANZINI, Ezio. A matéria da invenção. Porto: Centro Português de Design, 1993.

MARINHO, Claudia Teixeira. O espaço de criação: a comunicação do artista com a cidade. Tese (Doutorado em Comunicação e Semiótica), 2004. Universidade Pontifícia Católica de São Paulo, 2004.

MOURA, Mônica, Castilho, Kathia (Org.). A moda: entre a arte e o design. In: Design de Moda. São Paulo: Estação das letras, no prelo.

MORIN, EDGAR. O método 4. As ideias: habitat, vida, costumes, organização. Porto Alegre: Sulina, 2005.

NEGRI. Antonio. Cinco lições sobre Império. Coleção Política das Multidões. Rio de Janeiro: DP&A, 2003.

NIEMEYER, Lucy. Elementos de semiótica aplicados ao design. Ed: 2AB, Rio de Janeiro, 2003.

NORMAN, Donald A. Emotional Design: Why we love (or hate) everyday things. Nova York: Basic Books, 2005.

PATTON, WJ. Materials in industry. New Jersey: Prentice-Hall Inc.; 1986.

PEIRCE, C.S. Semiótica e Filosofia. São Paulo: Cultrix, 1972.

_____. Os Pensadores. Vol. XXXVI. São Paulo: Abril Cultural, 1974.

PEZZINI, Isabella e Pierluigi Cerzelli. Semiótica e consumo: espaços, identidades, experiências. Galáxia: revista transdisciplinar de comunicação, semiótica e cultura nº 13. São Paulo: PUCSP- EDUC, jun. 2007.

PEZZOLO, Dinah Bueno. Tecidos: história, tramas, tipos e usos. São Paulo: Senac São Paulo, 2007.

PEVSNER, Nikolaus. Os Pioneiros do desenho moderno. Lisboa: Ulisseia, 1962.

PFUTZENREUTER, Edson do Prado. O desejo material: um estudo sobre o papel do material na criação artística. Dissertação (Mestrado em Comunicação e Semiótica), 1992. Universidade Pontifícia Católica de São Paulo, 1992.

RAMACHANDRAN. Fantasmas no cérebro. São Paulo: Record, 2002.

RIFKIN, Jeremy. A era do acesso. São Paulo: Afiliada, 2001.

ROSA, António Machuco. O conceito de continuidade em Charles Sanders Peirce. Lisboa: Fundação Calouste Gulbenkian, 2003.

RUBIM, Renata. Desenhando a superfície. São Paulo: Rosari, 2004.

RÜTHSCHILLING, Evelise Anicet. Design de Superfície: prática e aprendizagem mediadas pela tecnologia digital. Tese (Doutorado em Informática na Educação), 202. Universidade Federal do Rio Grande do Sul, 2002.

_____. Evelise Anicet.; RÜTHSCHILLING, Anne Anicet. Design de Superfície em 3 dimensões aplicado à moda. In: XXII CNTT – Congresso nacional de técnicos têxteis. VIII FENATÊXTIL-Feira nacional da cadeia têxtil, Pernambuco, 2006. Anais do CNTT-Congresso nacional de técnicos têxteis, CD ROM, Pernambuco, 2006.

SALLES, Cecília. Gesto inacabado: Processos de criação artística. São Paulo: Annablume, 2001.

_____. Redes de criação: Construção da obra de arte. São Paulo: Horizonte, 2006.

_____. Processos de criação nas mídias: uma abordagem semiótica. In: III Congresso Internacional de Semiótica: Semiótica das Interações Sociais, 2007, Vitória/ES. Anais do III Congresso Internacional da Associação Brasileira de Estudos Semióticos. Vitória: ABES, 2007. v. 1. p. 1-9.

_____. Crítica Genética: Fundamentos dos estudos genéticos sobre o processo de criação artística. São Paulo: Educ, 2008.

SANTAELLA, Lúcia. Percepção. São Paulo: Experimento, 1998.

_____. Estética: de Platão a Peirce. São Paulo: Experimento, 1994.

_____. O método anti-cartesiano de Charles Sanders Peirce. São Paulo: UNESP/FAPESP, 2004.

_____. O que é semiótica. São Paulo: Brasiliense, 1983.

SONDRE, Muniz. As estratégias sensíveis. São Paulo: Vozes, 2006.

SUDSILOWSKY, Sergio. Design de Superfície: novo campo ou hibridismo?. In: Congresso brasileiro de pesquisa e desenvolvimento em design, 7, 2006, Curitiba. Anais do P&D Design, CD-ROM, Curitiba: 2006.

SCHWARTZ, Ada Raquel Doederlein. Design de superfície: por uma visão projetual geométrica e tridimensional. Dissertação (Mestrado em Design), 2008. Universidade Estadual Paulista, Bauru, 2008.

TREHUB, Arnold. The cognitive brain. Londres: MIT Press, 1991.

WELTGE, Sigrid Wortman. Bauhaus textiles: women artists and the weaving workshop. Londres: Thames and Hudson, 1993.

Revistas e Periódicos

COUGHLIN, Joseph. Casa nova, carro novo, nova loja, nova comunidade. HSM Management: revista de informação e conhecimento para gestão empresarial, nº 68, volume 3, São Paulo: DINAP S/A, 2008.

COSTA, Carlos Zibel. Da prancheta ao hiperespaço: pós-estruturalismo e viradas em design. In: Desígnio: revista de história da arquitetura e do urbanismo, número 7/8. São Paulo: Annablume, 2007.

GRUNWALD, Martin. Segredos dos sentidos. Mente e Cérebro – Scientific American Brasil: revista, nº 12, São Paulo: Duetto, 2008.

NICOLELIS, Miguel. Vivendo com fantasmas. Mente e Cérebro – Scientific American Brasil: revista, nº 1 2, São Paulo, 2008.

WEISS, Patrícia. "R.epense a experiência do consumidor". Encarte da agência de comunicação R.epense, São Paulo, 2007.

REDAÇÃO. Cor de ferrugem. Revista da Folha nº 17, São Paulo: Plural, 2008.

REDAÇÃO. Entrevista com Miguel Nicolelis: a ciência pode ser um agente de transformação social. Revista Caros Amigos: revista, nº 134. São Paulo: Casa amarela, 2008.

REDAÇÃO. Entrevista com Luc Ferry. Jornal Folha de São Paulo, Caderno Ilustrada – E8, Segunda-feira, 28 de Julho de 2008.

REDAÇÃO. Fashion reports. Textile view magazine: revista. Londres: Metropolitan, 2004.

REDAÇÃO. Finalmente o design de superfície. Arc Design: revista bimestral de design, arquitetura, interiores e comportamento, nº 59, São Paulo: Quadrifólio, 2008.

BIRD, GUY. Victims of fashion. Interior Motives: revista. Londres: Ultima Media, 2008.

Palestras, Simpósios e Congressos

8º Congresso de Pesquisa e Desenvolvimento em Design – P&D, São Paulo, Out. 2008 (ouvinte).

9º Congresso Internacional de Crítica Genética – APCG, Vitória, Nov. 2008 (ouvinte).

[F.A.q 2] sincretismo dos sentidos, São Paulo, Nov. 2008 (ouvinte).

11ª Jornada de Estudos Peirceanos, São Paulo, Set. 2008 (ouvinte).
Curso de extensão em design de superfície, Universidade Federal do Rio Grande do Sul, UFRGS-NDS, Porto Alegre, Ago. 2008 (aluna).
Circuito de Palestras Redes da Criação, São Paulo, Jun. 2008 (ouvinte).
Designers e Empresas Consultadas
Conversa com Renata Rubim, designer de superfície, São Paulo, Set. 2007.
Conversa com Patrície Toyama, designer de superfície, São Paulo, Out. 2007.
Conversa com Mirian Levinbook, designer de superfície, São Paulo, Out. 2007.
Conversa com Evelise Rüthschilling, designer de superfície, Rio Grande do Sul, Ago. 2008.
Conversa com Evelise Rüthschilling, designer de superfície, São Paulo, Out. 2008.
Visita à empresa Vibe, especializada em impressão serigráfica de camisetas, São Paulo, Mar. 2009.
Visita à empresa Sublipaper, especializada em impressão por papel transfer, São Paulo, Jun. 2009.
Visita à Instituição Lara Mara, especializada nos cuidados e assistência a deficientes visuais, São Paulo, Jun. 2009.

Websites

www.aki-air.com
www.akroe.net
www.arcoweb.com.br/design/design82.asp
www.borishopper.de
www.buffmonters.com
www.camper.com
http://cathyofcalifornia.typepad.com/cathy_of_california/surface_design/index.html
http://cs.nyu.edu/~jhan/ftirtouch/index.html
www.colorsmagazine.com
www.demillus.com.br/tabelatecidos.asp
www.doma.tv
www.eboy.com
www.elegantembellishments.net
www.freaklub.com
www.furifuri.com
www.fundathos.org.br
www.heloisacrocco.com.br
http://ilovesurfacedesign.blogspot.com/
www.inocuodesign.com
www.italiatiles.com
www.instituto-camoes.pt
www.joanburguerman.com penta.ufrgs.br /
www.karimrashid.com
www.lamaconcept.nl
www.lamborghini.com
http://chriskirbydesign.com
www.marimekko.com
www.maxolot.com
www.missvan.com
www.midimagem.eesc.usp.br
www.monsterism.nbt
www.nds.ufrgs.br
www.oxo.com
www.pomegranita.com/category/surface-design/
www.patternpeople.com/
www.smart-reg.co.uk/sds2009/
www.spfa.com
www.shoboshobo.com
www.stefanoboeri.net
www.thecoolhunter.com
www.tokidoki.it
www.uasava.com
www.uncontrol.com
www.visualwarriors.com
www.uol.com.br
www.yankodesign.com
www2.dupont.com/Milano_Design_Week/en_GB/gallery/index.html
http://www.ssireview.org/articles/entry/design_thinking_for_social_innovation/ (Maio 31)
http://www.positivedeviance.org/ (Maio 31)
http://www.tufts.edu/ (Maio31)
http://www.innocentive.com/innovation-solutions/innovation-challenges (Maio 31)

IMPRESSÃO E ACABAMENTO
YANGRAF
GRÁFICA E EDITORA LTDA.
WWW.YANGRAF.COM.BR
(11) 2095-7722